宇宙图鉴

韩雨江　李宏蕾◎主编

吉林科学技术出版社

图书在版编目（CIP）数据

宇宙图鉴 / 韩雨江, 李宏蕾主编. -- 长春 : 吉林
科学技术出版社, 2024.1
ISBN 978-7-5744-1027-5

Ⅰ. ①宇… Ⅱ. ①韩… ②李… Ⅲ. ①宇宙—儿童读
物 Ⅳ. ①P159-49

中国国家版本馆CIP数据核字(2023)第251274号

宇宙图鉴
YUZHOU TUJIAN

主　　编　韩雨江　李宏蕾
出 版 人　宛　霞
责任编辑　汪雪君
助理编辑　丑人荣　李思言　穆思蒙　王聪会　张　超　郑宏宇
制　　版　长春美印图文设计有限公司
封面设计　长春美印图文设计有限公司
幅面尺寸　167 mm × 235 mm
开　　本　16
字　　数　250千字
印　　张　14
印　　数　1-20 000册
版　　次　2024年1月第1版
印　　次　2024年1月第1次印刷

出　　版　吉林科学技术出版社
发　　行　吉林科学技术出版社
地　　址　长春市福祉大路5788号出版集团A座
邮　　编　130118
发行部电话/传真　0431-81629529　81629530　81629531
　　　　　　　　　　81629532　81629533　81629534
储运部电话　0431-86059116
编辑部电话　0431-81629380
印　　刷　吉林省吉广国际广告股份有限公司

书　　号　ISBN 978-7-5744-1027-5
定　　价　88.00元

前　言

亲爱的读者朋友，欢迎来到集艺术、美学与科普知识为一体的概览性博物学世界。

博物学将人类与世界万物紧密相连，这一门古老的科学一直由人类的好奇心所驱动，人类将世间万物进行命名、分类、描述，以此不断与世间万物交手。

即将呈现在您面前的是一套由武器、枪、宇宙、太空、植物、恐龙、海洋、动物八大主题构成的图鉴类图书，旨在通过图文结合的方式，将人类宏观尺度上对自我与世界关系的认知——呈现，通过图书，带领大家近距离去看、去辨别、去感受自然世界和人类社会的各种奥秘。

"图鉴"系列图书纸张厚韧，以高品质的印刷工艺高度还原万物，力求为读者朋友们带来或震撼、或壮观、或精致、或可爱、或绚烂的视觉体验。宇宙到底有多大？天空外面有什么？地球内部什么样？大海深处藏着什么秘密？枪械、坦克、战机、战舰是如何运转的？恐龙到底是怎样存在的？哪些植物有毒，哪些植物能食用，哪些植物是药材？动物的生存方式与看家本领有哪些？通过该系列图书，相信你会产生更多的疑惑，也会得到更多的答案。

八个经典视角，覆盖范围广泛，知识丰富，逻辑清晰，语意简明，制作精良，既适合典藏阅读，陶冶情操，亦可以满足青少年对世界的好奇和探索。将现代科学与人文精神通过阅读注入生活，尝试洞悉可持续发展的原则与自古以来的人文主义思想，开阔视野，激发潜能。

好奇心是人类与生俱来的本能，亦是人类挖掘世界的后驱力。而阅读正是人类满足好奇心的一剂良方，通过阅读该系列图书来对世间万物剥茧抽丝，这份由挖掘带来的获取知识的快乐理应由正在阅读的你享受。

目 录

CHAPTER 1

第 一 章

宇宙是什么

宇宙的诞生与发展

地球孕育了人类，人类文明也随即开启。人类开始对这个给予我们生存空间的超级载体萌生无限的好奇心，而后，经过了哥白尼、赫歇耳、哈勃从太阳系、银河系、河外星系的宇宙探索三部曲，宇宙学已经不再是幽深玄奥的抽象哲学思辨，而是建立在天文观测和物理实验基础上的一门现代科学。

科普小课堂

宇宙大爆炸之后有什么变化？

宇宙起源于138亿年前的大爆炸。在大爆炸之后的38万年里，宇宙温度下降到3000℃，原子结构形成，宇宙开始透明，光子开始在宇宙中扩散，形成宇宙微波背景辐射。然后，在大爆炸之后的2亿年里，宇宙中的星云物质逐渐形成恒星。

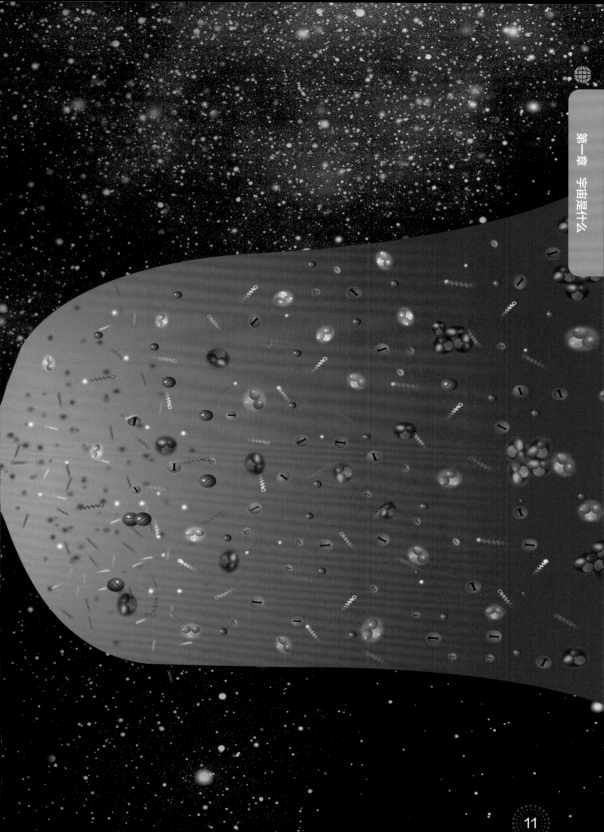

宇宙的终结

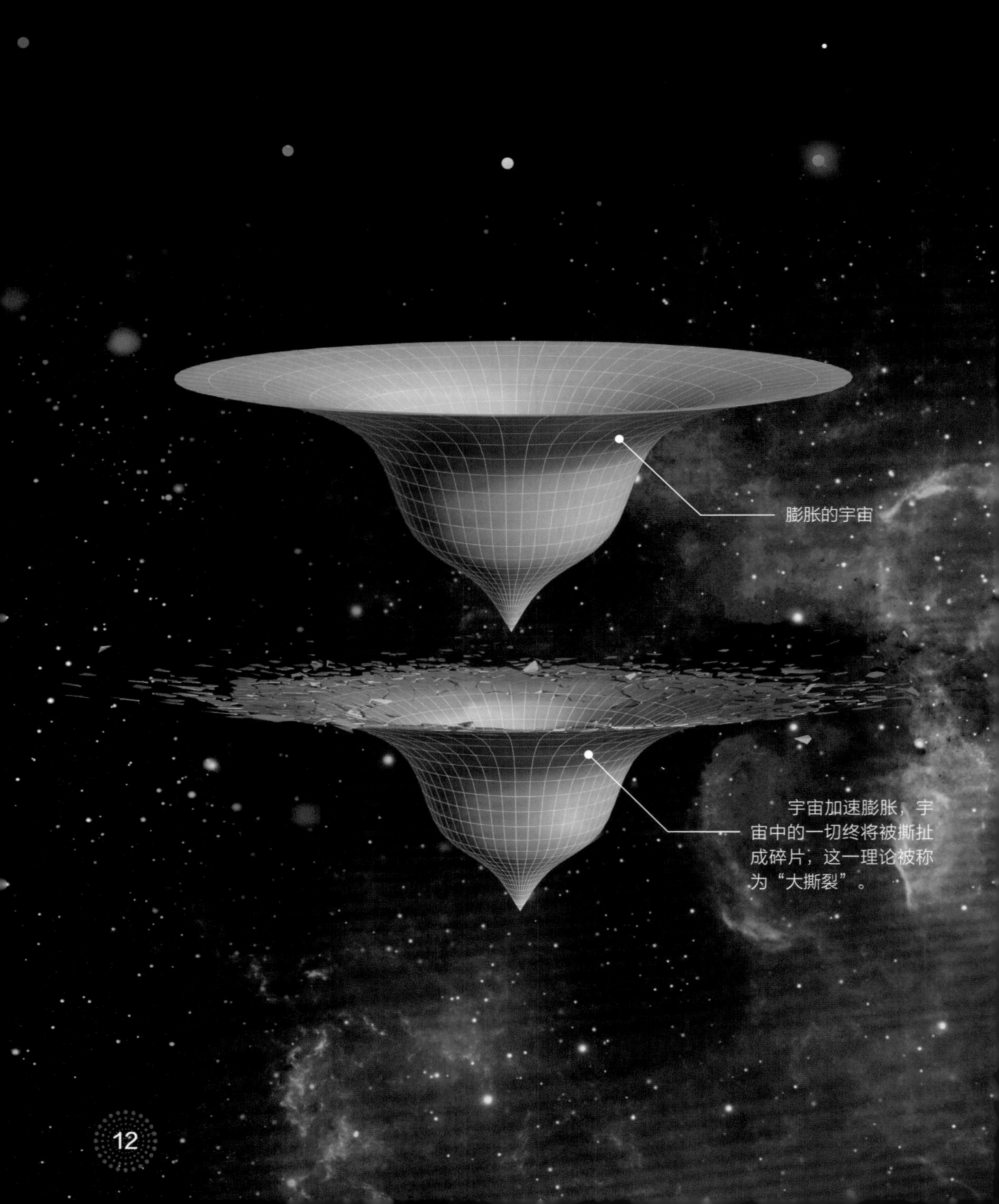

膨胀的宇宙

宇宙加速膨胀，宇
宙中的一切终将被撕扯
成碎片，这一理论被称
为"大撕裂"。

宇宙是在不断膨胀的，如果没有外力的存在，宇宙的膨胀应该是一个不断减缓的过程，但实际上宇宙却在不断加速膨胀，这确实是一个奇怪的现象。长此以往，恒星将失去能量，随着粒子的衰变，宇宙在很远的未来最终也将死去。科学界给出的宇宙消亡的假想状态有几种，其中最引人注目的有宇宙大冻结、大收缩和大撕裂，始作俑者"暗能量"悄悄操控着这场遥遥无期的终结。

科普小课堂

什么是暗能量？

1998年，科学界给出了一个惊人的结论，宇宙正在加速膨胀！科学家把造成加速膨胀看不见且摸不着的幕后推手称为"暗能量"，它是一种充溢空间的、增加宇宙膨胀速度且难以察觉的能量形式。暗能量占宇宙总质量的约2/3，它支配着宇宙的终极命运。

多维宇宙

在漫长的探索宇宙的过程中，多维宇宙的概念渐渐被我们所认知。三维宇宙是指空间概念中的长、宽、高三个维度，无论是微观宇宙还是宏观宇宙，都可以通过三维参数来描绘大小、距离和形状，人类就是属于三维空间的生物。爱因斯坦在先后问世的《广义相对论》和《狭义相对论》中提出了"四维时空"概念，包括三维空间和一维时间。比如同样一个尺度大小的物体，昨天和今天的特性和位置可能就不一样，例如月球在运动，同一体积的月球昨天和今天在宇宙中的位置和在地球上的反光面积就不一样。用四维概念来描述宇宙事物，更为精确些。以此推论，再增加维数，还会更加精细地描述宇宙事物。

科普小课堂

什么是多维宇宙观？

多维宇宙观能解释宇宙间的一切事物，包括各类星体特性、现象；也包括各类目前令我们困惑不解的怪异事物，像百慕大之谜、飞碟之谜、灵魂之谜等。宇宙是四维还是多维的，似乎取决于我们所描述的事物要达到什么样的深度层次，也取决于对宇宙的认识深度和对宇宙描述的详细程度。

宇宙中的力

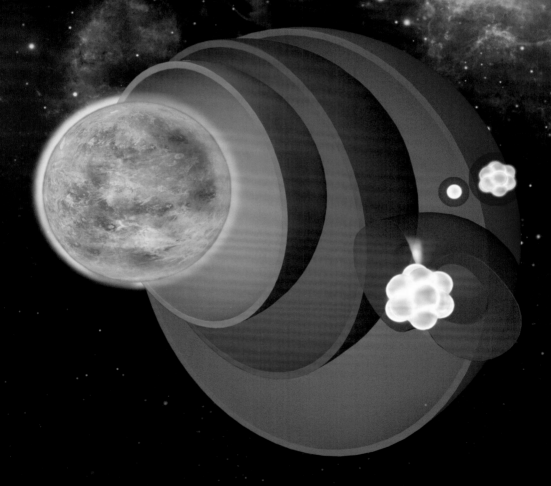

现代物理学的发展让我们知道，一部分物质对另一部分物质发生作用时，一定会受到另一部分物质对它的反作用力，这就是物质间的相互作用力。支配宇宙的有四种基本力：万有引力、电磁力、强核力、弱核力。引力将我们固定在地球上，也可以确保太阳系结合在一起；电磁力，它点亮我们的城市，为一切电器提供能量；强核力和弱核力，它们都属于核力，核力使原子核聚集在一起，使得像太阳这样的恒星发光发热，为我们的生存提供源源不断的能量。这四种力可以解释我们周围的任何事情，包括机械、电器、火箭、炸弹以及行星、恒星和宇宙本身。

科普小课堂

什么是万有引力？

"引力"是指两个物体之间的相互吸引的一种作用，这种作用是由它们的质量引起的。人们对引力的认识是从重物坠地开始的。1687年，牛顿提出了"万有引力"定律。为什么说"万有"呢？宇宙间任何两个有质量的物体之间都存在相互吸引力。例如地球表面上的所有物体在失去支撑时都会下落，就是因为地球对它有引力作用的缘故。牛顿首次将其中一些看似不同的力准确地归结到万有引力概念里：苹果落地，人有体重，月亮围绕地球转等，所有这些现象都是由相同原因引起的。

CHAPTER 2

第 二 章

银河系

银河系

　　银河系又被叫作"天河""星河"等，是旋涡星系，除太阳系外还包括2000亿～4000亿颗恒星、数以千计的星团和星云，还包含各种星际气体和尘埃。银河系拥有一个巨大的盘状结构，由于我们在它的内部，所以只能看见横跨于夜空的白色带状物。银河系的中央是一个超大质量的天体——黑洞，银河系由内向外分别由银心、银核、银盘、银晕和银冕等组成。银河系在慢慢地吞噬周边的矮星系来让自身不断壮大。2020年，科学家发现银河系的尺寸比之前推测的要大10倍以上。

银盘

发射星云

气体和尘埃

核球

银核

疏散星团

科普小课堂

银河探索是在什么时候开始的?

　　1750年, 英国天文学家赖特认为银河系是扁平的。到了1755年, 德国哲学家康德认为恒星和银河可能会组成一个巨大的天体系统。不久, 德国数学家郎伯特也提出了类似的假设。18世纪后期, 英国天文学家赫歇耳描绘出了银河系的形状, 并且提出太阳系位于银河的中心。

银 心

　　银心是银河系自转轴与银道面的交点，银心区域也就是银河系的中心区域。那是一个主要由极其古老的红色恒星组成的结构，这些恒星的年龄大概都在100亿年以上。银心区域大致呈球形，星系的其他部分都围绕着它旋转。太阳距银心约8.5千秒差距，位于银道面以北约8秒差距，银心与太阳之间存在大量的星际尘埃，因此我们在北半球是很难用光学望远镜在可见光波段观测银心的。直到射电和红外观测技术发展出来之后，人们才能够透过星际尘埃，观测到银心的信息。

科普小课堂

探索银心有哪些重大进展？

　　科学家已经在对银心的研究中取得了重大进展。1932年，随着射电天文学的出现，人们首次发现银心的不一样，后来出现的X射线和Y射线又揭示出了银心的更多奥秘。2005年NASA的斯皮策红外望远镜进行了大范围的巡天观测，最终让天文学家更好地了解了银河系。

银　盘

银盘是在旋涡星系中由恒星、尘埃和气体组成的扁平盘。银盘是银河系的主要组成部分，银河系的大部分可见光物质都在银盘的范围之内。银盘以轴对称形式分布于银心周围，它的平均厚度只有2000光年，可见银盘是非常薄的。就像其他旋涡星系一样，银河星系的银盘也绽放着蓝色的光芒，那是因为银盘聚集着年轻的恒星，而年轻的恒星常常呈现淡蓝色。银盘的四周围绕中心做较差自转，也就是离银心越远转得越慢。星际物质中，除含有电离氢、分子氢及多种星际分子外，还有10%的星际尘埃，这些固态微粒造成了星际消光现象，它们大都集中在银道面附近。

银盘是在旋涡星系中由恒星、尘埃和气体组成的扁平盘。

银晕是由银河系外分布的稀疏的恒星和星际物质组成的球状区域。

科普小课堂

如何观测银河？

由于我们身处银河系之中，因此我们很难认识银盘的结构，比如我们站在一棵大树下，想要得知森林的全貌，是很难的。不过天文学家利用整个电磁波谱进行研究，不同的波段可以展示出不同的模样，科学家通过得到的电磁波谱描绘出银河的全景图。红外观测能够探测到热辐射，可以帮我们透过尘埃观测，而那些来自中子星、黑洞等的奇异能量则可以通过X射线和Y射线观测。

球状星团

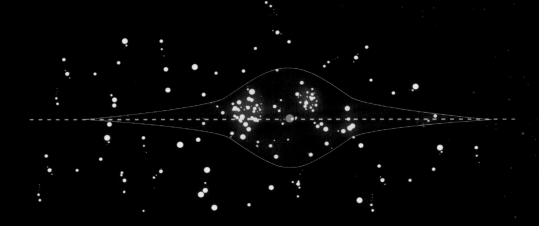

　　银河系大部分恒星都分布于银盘与银核之中，其中数亿颗恒星分布在球状星团中。球状星团因为外形似球而得名，直径通常为100～300光年。球状星团主要做弥散运行，星团中的恒星受到重力的束缚，越往中心越密集，它的恒星平均密度比太阳周围的恒星密度高数十倍，而分布于中心附近的则要高数万倍。星团中包含上百万颗恒星，这些恒星几乎都是银河系中的老者，它们有着同样的演化历程，同样的运动方向和运动速度，约有上百亿年的历史。球状星团在星系中是很常见的，在银河系中已知的大约有150个，可能未被发现的有10～20个。

科普小课堂

球状星团的年龄是多少年？

　　球状星团是十分古老的恒星集合，由数十万至数百万颗低金属含量的年老恒星组成，除几个例外，每个球状星团都有明确的年龄。球状星团的年龄几乎就是宇宙年龄的上限，一般认为球状星团是在宇宙诞生后不久产生的天体，宇宙有多老，它们的年龄就可以推算出来。根据推算，最古老的球状星云的年龄约为115亿年。

银晕、银冕与暗物质

银河系看似一个扁平的圆盘，在这个圆盘中还隐藏着许多东西。银河系外围分布着稀疏的由恒星和星际物质组成的球状区域，它就是银晕。在银晕中恒星密度稀薄，最亮的成员是球状星团。而银冕是银晕之外更暗、质量更大的那一部分，它由不可见的暗物质以及超级热的气体组成，气体的温度可以达到数百万摄氏度。银冕会向外延伸30万光年以上。暗物质是普遍存在于宇宙中的一种看不见的物质，占宇宙中全部物质总质量的85%，占宇宙总质能的26.8%。

科普小课堂

热气体云是否是暗物质存在的线索？

  在星系中存在着热气体云，这证明了暗物质的存在，因为没有暗物质，单凭物质的引力是无法约束这样的气体的，因此热气体云是暗物质存在的线索。

星 云

1758年，法国天文学爱好者梅西耶在观测彗星时发现一个没有位置变化的云雾状板块，它显然不是彗星，那它是什么呢？当我们仰望星空时，会发现有些地方没有恒星，就像是一个空洞。在19世纪，美国天文学家爱德华·巴纳德认为，这个是宇宙空间中的巨大气体和尘埃遮住了恒星发出的光，形成了一个空洞的视觉效果。在宇宙空间中我们叫它"星云"。所以说星云是尘埃、氢气、氦气和其他电离气体聚集的星际云。泛指任何天文上的扩散天体。星云的密度是非常低的，但是体积非常庞大，可达方圆几十光年，它可能要比太阳重得多。星云通常具有多种形态，而且星云和恒星是可以相互转化的，恒星抛出的气体成为星云的一部分，星云物质在引力的作用下会坍（tān）缩成恒星。

科普小课堂

弥漫星云是什么形状？

正如它的名字那样，弥漫星云没有明显的界线，它们常常呈现不规则的形状，如同天空的云彩。它们的直径在几十光年左右，密度平均为每立方厘米有10～100个原子，只能通过望远镜才能观测到它们美丽的样子。它们通常分布在银道面附近。像猎户座大星云、马头星云等都是比较著名的弥漫星云。

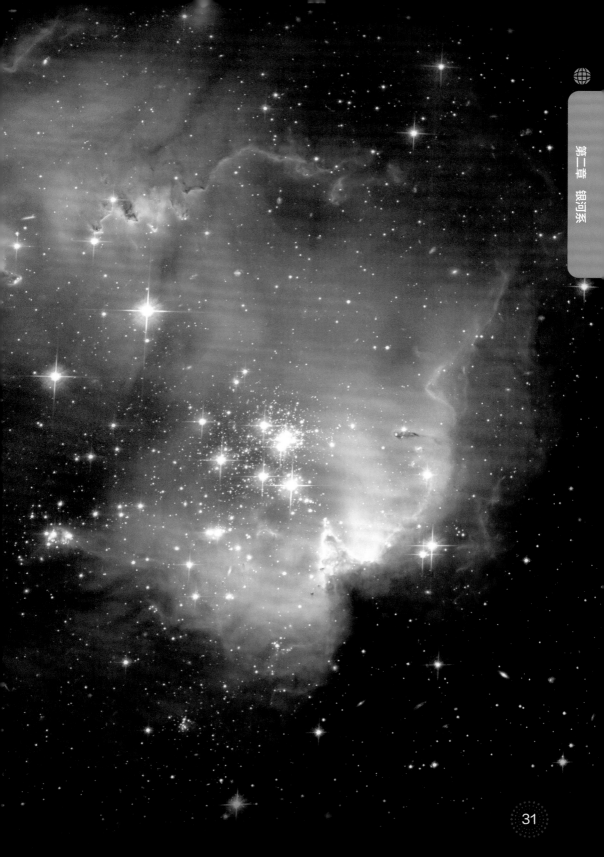

第 三 章

恒 星

恒　星

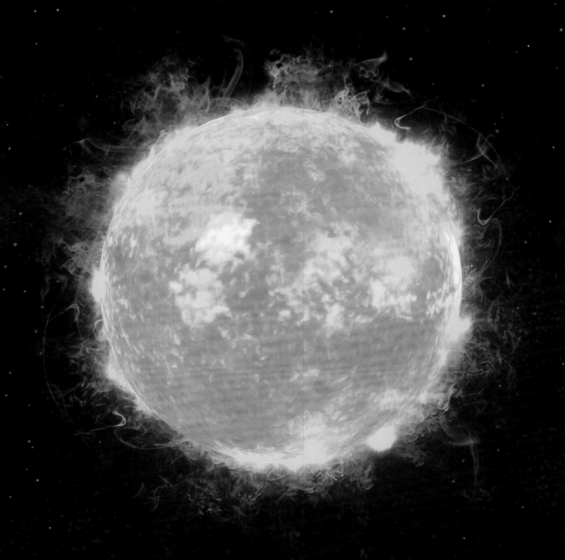

　　恒星是发光的球形等离子体，太阳是离我们最近的一颗恒星。恒星间的距离非常遥远，因此恒星间的相互碰撞是罕见的，天文学上一般用光年来度量恒星间的距离。我们可以通过周年视差、星团视差、力学视差、造父变星等对距离进行测量。在恒星的一生中，它的直径、温度和其他特征，在不同阶段都不同，而恒星周围的环境也会影响其自转和运动。目前人类还不知道宇宙中到底存在多少颗恒星，最著名的一个猜想是美国天文学家卡尔·爱德华·萨根提出的，他认为宇宙中有1000亿个星系，每个星系有1000亿颗恒星。

科普小课堂

根据恒星在赫罗图的位置，恒星可分为：
白矮星、主序星、巨星、超巨星等。
根据恒星的稳定性可分为：
稳定恒星、不稳定恒星。
根据恒星成因或起源可分为：
碎块型恒星、凝聚型恒星、捕获型恒星。

测量恒星的距离

恒星距离我们非常遥远，恒星与恒星之间的距离也非常遥远，就算是光也要走好多年。那我们要如何测量恒星的距离呢？早在16世纪哥白尼公布日心说以后，天文学家就纷纷尝试测定恒星间的距离，但是由于当时的数值很小以及观测的精度不高，结果都以失败告终。直到19世纪30年代以后才有所进展，照相技术的提高使观测方法变得更加简便，精度也有很大的提高。到20世纪90年代，已有8000多颗恒星的距离用照相方法被测定出来。如今，我们发展出了更多测量恒星距离的方法，让我们更加清楚地了解了恒星的距离。

科普小课堂

什么是光年？

由于恒星的距离非常遥远，用千米来表示非常复杂，为了方便，我们采用光年作为距离单位。1光年就是光在一年当中通过的距离。

距离

视差角

三角视差

恒星的分类

　　宇宙中存在众多恒星，而它们拥有各种各样的类型，不同类型恒星的起源与演化也是大不相同的，并且它们都有自己专属的名字。普遍认可的恒星分类方式是光谱分类，科学家们根据光谱中的某些特征、谱线强度，同时也考虑到连续谱的能量分布等将恒星进行分类。用字母来表示，温度最高的蓝白色恒星是O型，随后按照温度递减的顺序排列为B、A、F、G、K、M型，其中后四位的恒星温度很低。除此之外，还有三类亚型：R、N、S型，它们与K、M型类似，只有小部分差别。

科普小课堂

　　根据恒星结构可以划分：简单型恒星即非圈层状结构恒星、复杂型恒星即圈层状结构恒星。

　　根据寿命可以划分：短命型恒星、长命型恒星。

　　根据温度可以划分：低温型恒星、中低温型恒星、中温型恒星、中高温型恒星、高温型恒星。

双星与聚星

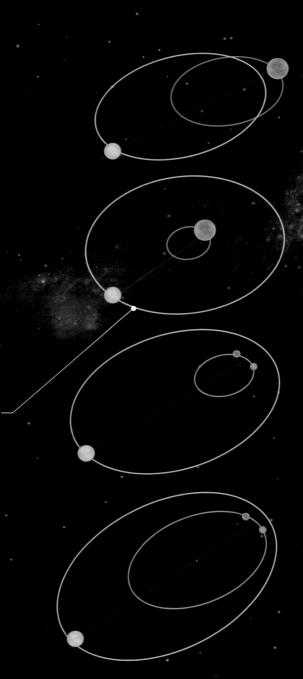

组成双星的
两颗恒星都称为
双星的子星。

在宇宙中，不是所有的恒星都是孤立存在的，像太阳这样的恒星还是占少数。有一半以上的恒星都是束缚在双星或者处于更加复杂的聚星系统中。在这样的系统中，各个成员都围绕着一个共同的中心运行。其中双星是我们最为常见的一种方式，三颗到七颗恒星在引力作用下聚集在一起，这样组成的恒星系统称为聚星。大部分著名的恒星系统都是双星或者聚星，例如半人马α、南河三和天狼星，还有一个极为罕见的六合星系统，那就是距离地球52光年外的北河二。恒星运动的一般规律是彼此互相远离，而像北河二这样如此靠近的实属罕见。

科普小课堂

双星和聚星有什么区别？

双星和聚星都是彼此靠得很近，并且存在引力作用的恒星系统，它们本质上没有太大的差别，最主要的差别就是数量上的不同，聚星系统是三颗及以上的恒星组成的，而双星则是只有两颗恒星。

変星

我们抬头仰望星空，看见一闪一闪的星星好像是恒久不变的，但实际上很多恒星都属于变星。变星就是指亮度与电磁辐射不稳定的恒星，它们的变化通常伴随着一些其他的物理变化。多数恒星的亮度是固定不变的，就像我们熟知的太阳，而变星的亮度则会发生显著的变化。有些变星是由外因引起的，这些恒星由于自转或者轨道运动导致亮度变化。此外，还有一些是由于内因造成的亮度变化，它们调节自己的实际物理光度，有时内因变星会存在周期性的亮度变化，如造父变星和天琴RR变星。

科普小课堂

什么是变星？

变星就是指亮度与电磁辐射不稳定的恒星，它们的变化通常伴随着一些其他的物理变化。

恒星的演化

　　仰望美丽而浩瀚的夜空，我们痴迷于点点繁星，并向它们寄托内心的情感，那些星星大多数是离我们非常遥远的恒星。那么，恒星是怎么来的呢？恒星是靠内部能源产生辐射而发光的球状天体。恒星的演化伴随着恒星的整个生命周期。"年轻的恒星"会收缩，温度上升，并且核心发生聚变反应，释放能量，然后恒星便过渡到稳定的"青壮年期"，也就是主序星阶段，大部分恒星都处于主序星阶段，这个阶段是恒星一生中最漫长的阶段，约几十亿年到上百亿年。当恒星进入"老年期"时将会变成一颗红巨星，它的中心温度会升高，发光强度会增加，体积也会变大，双子座的北河三就是一颗典型的红巨星。

科普小课堂

恒星是如何死亡的?

　　大质量恒星经过一系列核反应后,其核心再也无法提供能源,内核开始向内坍塌,而外层星体则被向外抛射。爆发时光度剧增,可达太阳光度的上百亿倍,甚至达到整个银河系的总光度,这种爆发叫作超新星爆发。爆发以后,恒星外层会解体成星云,中心遗留一颗高密天体。

红巨星

　　恒星耗尽氢气时就预示着它开始走向死亡。由氦气构成的恒星内核开始发生核反应，此时恒星仍然能够发光，当氦气消耗殆尽时，碳和氧开始聚变，使恒星内核收缩。同时，恒星的表面开始膨胀冷却，进入红巨星阶段，此时恒星进入了老年期。红巨星是恒星燃烧到后期所经历的一个短暂的时期，这一时期的恒星很不稳定，只有数百万年。与太阳类似的恒星都遵循着这样的演化规律。度过了红巨星时期它们最终会变成白矮星，当它们内部能量消耗殆尽之时就会变成黑矮星，然后彻底消失在太空中。

科普小课堂

太阳的未来将会怎样？

太阳是一颗处在主序阶段的恒星，它在主序阶段燃烧氢，大约经过50亿年，太阳会把氢燃烧殆尽，变成一颗红巨星，这时它的亮度会加倍，而且体积会不断膨胀，直到吞没水星，当它膨胀到一定规模时，甚至可以吞没我们居住的地球。

超新星

　　爆发规模超过新星的变星就是超新星。某些恒星在生命即将终结的时候发生灾变性的爆发，爆发会释放出巨大的能量，瞬间绽放出相当于整个星系的耀眼光芒。恒星爆发之后，它的气体残留物扩张并且能够在太空中闪耀数百万年之久。在银河系和许多河外星系中已经观测到了数百颗超新星。但是在历史上，人们用肉眼直接观测到并记录下来的超新星仅有9颗。在我国古代文献中，这9次爆发都有可靠的记录。历史上的9颗超新星，都发生在望远镜发明之前。其中1572年和1604年爆发的超新星分别由丹麦天文学家第谷和德国天文学家开普勒观测到，所以又叫"第谷超新星"和"开普勒超新星"。据推测，在整个银河系中，每个世纪会产生两颗超新星。

恒星的内核在聚变时会产生不同元素，在恒星坍缩之前最后生成的元素是铁。

科普小课堂

超新星遗迹是怎样形成的？

在超新星爆发的时候会将其大部分甚至几乎所有物质向外抛散，速度可达1/10光速，并向周围空间迅猛地抛出大量物质，这些物质在膨胀过程中和星际物质互相作用，构成的壳状结构被称作超新星遗迹。

中子星

　　没有什么是永恒不变的，恒星也是在不断变化着的，只不过它变化的周期比较长。中子星就是处于演化后期的恒星。脉冲星是中子星的一种。开始人们发现脉冲星发射的射电脉冲具有周期性规律，人们对此感到疑惑，甚至曾设想这可能是外星人在向我们发电报联系。最终天文学家证实，脉冲星其实就是正在高速自转的磁中子星，正是由于它的高速自转才发出了射电脉冲。因为中子星带有强磁场，带电粒子的运动会产生电磁波，从磁场两端射出，中子星不停地旋转，电磁波的发射方向也会相应旋转，所以我们就会观测到它发出的周期性的电磁脉冲。

科普小课堂

什么是中子星？

中子星的前身大部分是一颗大质量的恒星。核心的坍缩产生巨大压力，使它发生了质的变化，这时候，原子核被压破，质子和电子重新结合形成了中子，当所有的中子都聚集在一起就形成了中子星。

白矮星

白矮星是一种光
度较低、密度偏高、
温度偏高的恒星。

当恒星度过生命期的主序星阶段，在它的核心发生核聚变反应，就会膨胀成一颗红巨星。红巨星继续演化，当红巨星的外部开始发生不稳定的脉动振荡，恒星的半径时而变大时而缩小，此刻恒星是个极其不稳定的巨大火球，火球内部核反应时而强烈时而微弱，此时，我们认为白矮星已经在红巨星的内部诞生了。不稳定的红巨星最终会爆发，核心以外的物质都抛离恒星本身，向外扩散成为星云，而残留下来的就是白矮星。白矮星通常是由碳和氧组成。白矮星的内部不再有核聚变反应，也不再产生能量。

科普小课堂

结晶核体是如何形成的？

宇宙中无奇不有，科学家们还在白矮星的内部发现了神奇的结晶核体。科学家通过对GD 518白矮星的观测发现，它的表面温度可达12000℃，是太阳的两倍左右。科学家对其亮度变化进行研究分析，发现它正进行"脉冲"式的膨胀和收缩，这意味着在它内部存在着不稳定性，科学家预测它的内部可能已经出现了结晶现象，形成一定半径的"小结晶球"，这是一个令人惊讶的结果。

黑　洞

　　英国地理学家是第一个意识到一个致密天体的密度可以大到连光都无法逃脱，它就是黑洞。自从黑洞被发现，科学家就开始了对它的探索。恒星演化到最后阶段会变成密度极高的星体，质量最大的恒星最终会坍缩形成黑洞。其实黑洞并不黑，它不是实实在在的星体，它是一个空空如也的区域，探测黑洞存在的唯一途径就是观测它对周围天体的影响。黑洞的引力非常大，会形成一种叫作吸积盘的结构，将周围的一切物体吸收。

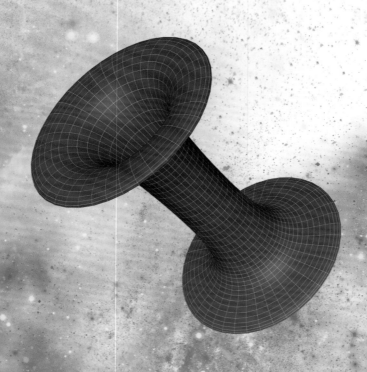

科普小课堂

什么是重力井?

重力井或引力井是指在空间中围绕着某个天体的引力场的概念模型。它就像是一块布中间放了一个铁球,铁球周围会产生凹陷,质量较大的天体周围产生的凹陷会使小质量天体陷落,这或许是引力的形成原因。黑洞能够吞没一切靠近它的物体。它的重力井无穷大,除了物质以外就连光线都能被吞没。任何跨越了黑洞边界的物体都会随着一个螺旋路径坠入重力井。

黑洞的吸引力很大,使视界内的逃逸速度大于光速。

CHAPTER4

第 四 章

行　　星

行　星

　　行星是围绕恒星运转的天体，它们通常是自身不发光的，公转的方向与环绕的恒星自转方向相同。行星不能够像恒星那样发生核聚变反应。人们对行星的定义非常形象，因为它们在太空中的位置不固定，就像是在星空行走一般，所以被叫作行星。我们居住的地球也是一颗行星，在太阳系中我们肉眼可见的其他行星还有水星、金星、火星、木星和土星。望远镜被发明出来后，人类又观测到了天王星、海王星等。

有些行星的特征与地球相似，它们被称为类地行星。

科普小课堂

什么是矮行星？

矮行星又被称为"侏儒行星"，在新的行星定义标准下，不能清除其轨道附近其他物体的围绕太阳运转的圆球状的天体被称为矮行星。在布拉格举行的国际天文学协会第26次会议上，国际天文学协会术语委员会决定将冥王星划分为矮行星。

行星的卫星

      卫星的一生都会围绕一颗行星在闭合轨道内做周期运行。在宇宙中，卫星绕着行星运转，行星绕着恒星运转，它们都遵循着各自的规律有序地运动着。在太阳系中的行星，除了水星和金星以外都有自己的卫星。太阳是太阳系中的恒星，地球和其他行星一同围绕太阳运转，月球、土卫一、天卫一等星球则环绕着地球及其他行星运转，这些星球都是行星的卫星。卫星就像是行星的守护者，永远守护着自己的行星。

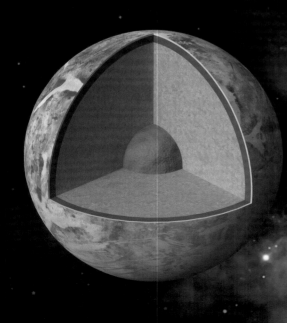

科普小课堂

卫星有哪些特点？

卫星自身是不会发出光芒的，它们围绕行星运转，并且跟随行星围绕恒星运转。月球是地球唯一一颗卫星，它能够帮助地球平衡自转、稳定地轴、控制潮汐，还可以用来观测时间等。

系外行星

　　系外行星指的是太阳系以外的行星。虽然人们始终相信太阳系以外存在其他行星，但是在20世纪以前系外行星仍然是个谜。直到20世纪末人类才确认了系外行星的存在。随着观测技术的不断进步，我们观测到的系外行星的数量不断增加，因为大质量的行星比较容易被观测，所以最常见的系外行星往往是巨大的行星。我们所发现的系外行星，尤其是那些轨道位于宜居带的行星表面是极有可能存在液态水的，这个发现激发了科学家对外星生命搜寻的兴趣。

科普小课堂

什么是轨道共振？

　　轨道共振是出现在天体运动中的各种共振的泛称。是当两个天体绕同一个中心天体运行时的轨道周期之比，接近简单分数时的运动现象。轨道共振分为不同类型，有一种叫平均运动轨道共振，是轨道共振中的主要类型，因此讨论轨道共振，一般都指平均运动轨道共振。还有一些其他共振类型，如长期共振、古在共振等。

岩质行星与气态行星

　　宇宙中的天体种类繁多，行星就是其中之一。根据行星的成分可以分为岩质行星和气态行星。岩质行星又叫作"类地行星"，是以硅酸盐作为主要成分的行星。在太阳系中位于前四位的岩质行星，分别是水星、金星、地球、火星。而气态行星则是不以岩石为主要构成成分的行星，它们不一定有固体表面。在太阳系中也存在气态行星，它们分别是木星、土星、天王星和海王星。在宇宙中不同种类的行星构成了多姿多彩的行星系统。

科普小课堂

什么是气态行星？

气态行星就是不以岩石或者其他固体为主要成分的行星，但是通常它们也有岩石或者金属的核心。大家比较熟悉的木星、天王星和海王星都是气态行星，它们的大气主要由氢、氦和甲烷（wán）组成。

行星的发现方法

太阳系以外是否存在行星？在20世纪末这个问题的答案一直都是个谜，随着科学技术的突飞猛进，我们逐渐拨开了宇宙的面纱，终于找到了这个问题的答案——太阳系以外是有行星存在的。截至目前，科学家们陆续发现了上千个太阳系以外的行星系。那么人类到底是如何发现系外行星的呢？

科普小课堂

脉冲星计时法是怎样探索行星的？

发现行星的方法有很多种，除了凌星法、微引力透镜法，还有一种叫作脉冲星计时法。它是通过观测脉冲星的信号周期来判断行星是否存在的。一般情况下脉冲星的信号周期是非常稳定的，如果脉冲星有一颗行星，那么它的信号周期就会发生改变，行星就是这样被发现的。

适宜居住的行星

　　为什么人类能够在地球上生存？它与其他星球有什么不同，为什么最适合人类居住？宜居行星是指最适宜人类生存的行星，多年来科学家们一直试图在宇宙中找到第二个适合人类生存的行星，以备地球资源枯竭时，人类可以移居到这些星球上。但是地球在宇宙中诞生的时间太早了，它经过了亿万年的演化才变成现在的样子，在这个过程中存在诸多随机性，想要找到类似的星球确实不是一件容易的事。但是科学家们仍然没有放弃继续探索的脚步，对找到其他宜居行星仍抱有热情与希望。

科普小课堂

宜居行星需要具备哪些条件？

　　一颗行星在变成宜居行星的过程中必定经历了一系列概率极低的巧合和机遇。首先它所围绕的恒星大小要适中，行星能够接收到适宜的光照，拥有适宜的温度，并且这颗恒星必须非常稳定，最好是颗单星，在其外轨道上最好存在几颗大行星充当"保镖"。然后这颗行星必须是类地岩质行星，还需要具备和地球类似的大气层，地壳活动不能太剧烈，还要有磁场的保护。由此可见，孕育生命不是一件容易的事。

小行星与近地小行星

　　小行星带的位置在火星和木星之间，它就像是一个"垃圾堆"，太阳系形成以后，那些小行星就被困在此处。小行星顾名思义就是体积较小的行星，数以百万的小行星存在于小行星带之中，不过它们的质量很小，其质量的总和仅为地球质量的0.04％。天文学家曾经认为，原来可能存在许多小行星，足以形成一颗火星大小的类地行星，但是由于太阳和木星的引力，使得小行星遭到了吞噬，或者逃离了太阳系。此外，因为木星具有强大的引力，所以其他小行星也无法凝聚成一颗行星。这些小型天体的形成年代也非常久远，就像是行星形成过程中的化石。

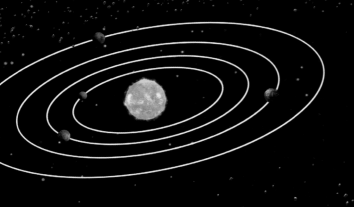

科普小课堂

什么是近地小行星？

　　近地小行星指的是那些轨道与地球轨道相交的小行星。这种类型的小行星有与地球撞击的危险，这并不是耸人听闻。为了避免这些"危险分子"，国际天文组织已经成立了监视和预警机构，对小行星进行了密切的监视与追踪。

行星系

　　行星系指的是什么？其实行星系就是行星系统，是指以行星为中心的天体系统。这些行星经过了数亿年的演化，与恒星一起逐渐形成了一个有规律的整体，它们之间由一种不可见的力量互相牵引着，虽然它们都有各自的轨道并且看起来都是独立的个体，但它们都是行星系这个大家庭不可分割的一部分，就像太阳与它的行星系统一并构成了太阳系。

科普小课堂

行星系是怎样形成的？

科学家一般认为，与太阳系相似的行星系是在恒星形成的时候一同形成的。还有些科学家认为，在两颗恒星相遇的时候，彼此的重力吸引会使恒星中的某些物质被吸出来，这些被吸出的物质逐渐形成了行星，不过这种猜想被认为是不可能发生的。人们还是更能接受行星系由星云产生的学说。

第 五 章

太阳系

太阳系

我们生活在地球上，每天接触的事物都是地球赋予我们的，当我们仰望天空的时候，觉得天空离我们很远很远，确实，我们所在的世界是很大的。当提到"天上的天体"时，我们就一定会想到太阳，我们每天都能看到太阳"上班"，但太阳并不只是自己"生活"，你可能不会相信，地球和太阳是"一家人"，属于同一个"家族"。太阳的这个大家族，叫作太阳系。太阳系是由许许多多的"家庭成员"组成的，从这个家族被命名为"太阳系"就可以知道，太阳在太阳系中处于中心的位置，它用自身的引力约束着生活在太阳系中的其他天体。

科普小课堂

谁是太阳系中最重要的成员？

太阳是太阳系的母星，是太阳系中唯一一个自身能发光的天体，也是太阳系中最重要的成员。太阳在分类上是一颗中等大小的黄矮星，有足够的质量使内部的压力与密度能承受和平衡核聚变产生的巨大能量，并以辐射的形式让能量稳定地进入太空。

海王星

天王星

土星

木星

火星

地球

金星

水星

太阳

77

太阳系的身世之谜

    关于太阳系的起源，在1755年由德国哲学家康德首先提出星云假说。康德认为太阳系是在46亿年前，由一个巨大的、有几光年跨度的分子云碎片引力塌陷的过程中形成的，在坍（tān）塌之中，大多质量集中在中心，形成了太阳，外部演化成星云盘，星云盘之后就形成了行星。太阳系就是一个以太阳为中心，其他天体受太阳引力约束在一起的天体系统，包括太阳、行星，以及卫星、矮行星、小行星、彗星和行星际物质。

星际分子云

科普小课堂

太阳系的未来是怎样的？

在历史上的很长一段时期，人类都没有认识到或理解太阳系的概念。直到文艺复兴时代，大多数人仍认为地球是静止不动的，地球处于宇宙的中心。古希腊的哲学家阿里斯塔克斯曾经推测了"日心说"体系，但是，直到哥白尼提出的"日心说"，才有力地打破了"地心说"，认为太阳是宇宙的中心，而不是地球，从而实现了天文学的根本变革。

太阳

刚刚诞生的行星

游移不定的小行星

在太阳系家族之中，有一片区域极为"热闹"，那里经常会发生撞击的"战争"，但这并不是因为家庭成员之间不和谐，而是因为成员数量太庞大，可能一个"转身"就会发生撞击事件。这片区域位于太阳系内，介于火星和木星的轨道之间，这里行星密集，被称为小行星带，98.5%的小行星都在此处被发现，已经被编号的小行星有120437颗。小行星带是小行星最密集的区域，那里估计有多达50万颗的小行星，因此这个区域被称为"主带"。如此之多的小行星能够在小行星带之中被凝聚起来，除了太阳的引力作用之外，木星的引力实际上起着更大的作用。

科普小课堂

小行星带中小行星的物理特征有哪些？

小行星带之中的小行星主要有两种类型。其中，一种是小行星带外缘靠近木星轨道的，富含碳的C型小行星，这类小行星占总数的3/4以上，它们表面的组成与碳粒陨石形似，但缺少一些易挥发的物质。还有一种靠近小行星带的内侧部分，以含硅的S型小行星较为常见，它们一般由硅化物组成。

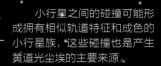

小行星之间的碰撞可能形成拥有相似轨道特征和成色的小行星族，这些碰撞也是产生黄道光尘埃的主要来源。

远方的朋友们

　　没人知道人类的极限在哪儿，就像没人知道宇宙的尽头在哪里。前有"旅行者"号，后有"新视野"号，它们每次传回来的消息都令人类振奋，"新视野"号拍到的天体就处于外太阳系中的柯伊伯带，让大家知道了什么叫外太阳系。太阳系可分为几个区域，内太阳系是太阳到小行星带之间的区域；外太阳系是小行星带与海王星之间的区域，包括木星、土星、天王星和海王星；外海王星区是海王星以外的区域，一直到奥尔特云的边界。你可以把我们的太阳系想象成太空中的社区，类地行星居住在市中心，气态巨行星则居住在郊区的大别墅里，矮行星谷神星搭在城市边缘处的公园帐篷里，而海王星以外的鸟神星、妊神星、冥王星则相当于居住在偏远的乡村。

木星

土星

天王星　　海王星

科普小课堂

什么是矮行星？

　　矮行星又称"侏儒行星"，也环绕太阳公转，但它不是行星。矮行星在形成的过程中，未能凭借引力扫清自身轨道附近的区域，所以"个头儿"就比八大行星"矮"了一截，但它们的质量仍然大到足以使自身基本上保持球形。

彗星

土星

太阳

木星

天王星

海王星

八大行星

在以前，人们始终认为太阳系中的标准行星是水星、金星、地球、火星、木星和土星。19世纪后，其他的行星陆续被发现，它们也以一个正式的身份被人们所接受。八大行星是太阳系的八个行星，它们像形影不离的好朋友，始终围绕着太阳旋转。八大行星中，靠近太阳的水星、金星、地球、火星属于内太阳系的成员，它们的体积和质量较小；而木星、土星、天王星、海王星的体积和质量则较大，它们就像"家"中的"兄长"一样，在外围保护着自己的"弟弟"。

水星

金星

地球

火星

木星

土星

天王星

海王星

科普小课堂

行星与恒星的区别是什么？

恒星是宇宙中靠核聚变产生能量而自身能发光发热的天体，它虽然叫恒星，但是也会按照一定的轨迹绕着所属星系的中心而旋转。行星则是自身不发光，环绕着恒星运转的天体。恒星通常比较大，而行星相对较小；恒星的位置相对稳定，行星看起来则经常移动。

太阳系的边界

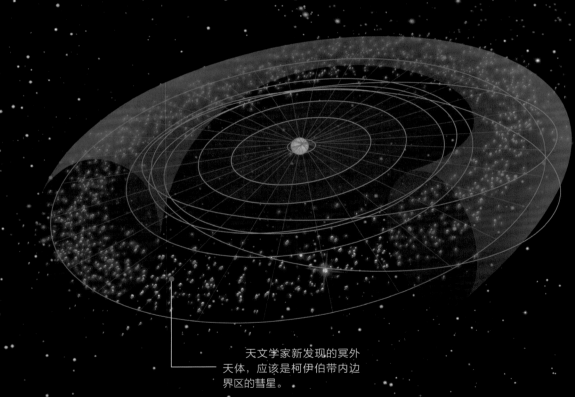

天文学家新发现的冥外天体，应该是柯伊伯带内边界区的彗星。

　　柯伊伯带全称为埃奇沃斯—柯伊伯带。荷兰裔美籍天文学家杰拉德·柯伊伯提出，在太阳系边缘存在一个带状区域，为了纪念他的发现，人们把这一区域命名为"柯伊伯带"。柯伊伯带是太阳系在海王星轨道外黄道面附近、天体密集的中空圆盘状区域。传统的柯伊伯带是两种不同族群的综合体，第一类是"动力学冷"族群，比较接近行星，轨道近圆形，偏心率小于0.1，相对于黄道的倾角低于10°；而第二类是"动力学热"族群，它们的轨道则有较大的倾斜。这两种族群除了轨道不同，其组成也是不同的，在颜色方面，较冷的族群相对热的族群颜色更红一些，这就表明它们是在不同的环境中形成的。

科普小课堂

柯伊伯带天体是怎样形成的？

　　柯伊伯带天体是太阳系形成时遗留下来的一些团块。在45亿年前，有许多这样的团块在更接近太阳的地方绕着太阳转动，它们互相碰撞，碎片结合在一起，形成地球和其他类地行星，以及气体巨行星的固体核。柯伊伯带天体也许就是一些遗留物，它们在太阳系刚开始形成的时候就已经在那里了。

第 六 章

太 阳

炙热的大火炉

　　一年四季，每个白天都有一个"好朋友"在陪伴我们，它总是不知疲倦地把温暖和光明带给我们，它每天都是"按时"上下班，从不缺席。你们猜到这位"朋友"是谁了吗？它就是距离我们很远且为我们默默奉献的太阳。太阳是太阳系的中心天体，太阳系中的八大行星、小行星、矮行星等，都围绕着太阳公转，而太阳则围绕着银河系的中心公转。我们看到的太阳几乎是一个平面的圆形，但其实它是一个巨大的球体，按照由内向外的顺序，它由日核、辐射区、对流层、光球层、色球层、日冕（miǎn）层构成。光球层之下的区域称为太阳内部，光球层之上的区域则称为太阳大气。

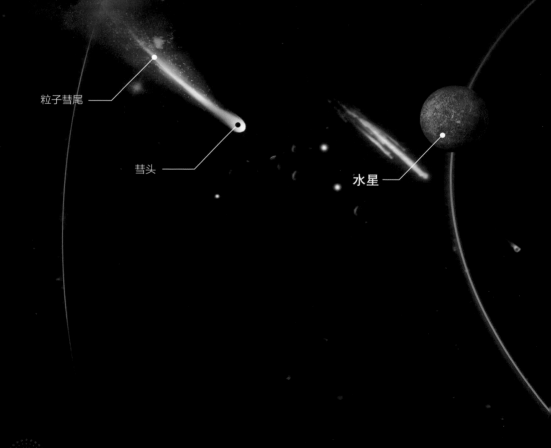

粒子彗尾

彗头

水星

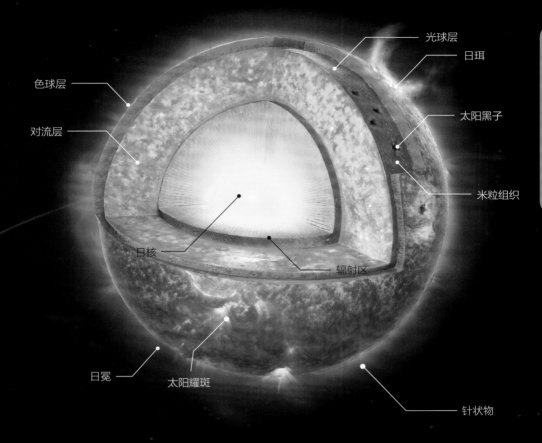

色球层

对流层

日核

辐射区

光球层

日珥

太阳黑子

米粒组织

日冕

太阳耀斑

针状物

科普小课堂

　　太阳的半径：69.6万千米，是地球半径的109倍，体积大约是地球的130万倍。

　　自转周期：25.05天。

　　表面温度：约6000℃。

太阳的表面

    你知道太阳长什么样吗？我们对太阳的印象就是太阳是个圆的、会发光的天体，由于太阳光很刺眼，所以我们并不能用肉眼仔细地观测太阳。我们能感受到太阳光，但是我们却看不到太阳的表面。太阳的表面究竟是什么样的呢？其实，太阳的表面一层就是太阳的光球层，又称"光球"，我们所接收到的太阳的能量基本上是光球层发出的。我们看到的太阳是明亮的，但它的各部分的亮度却是很不均匀的，日面的中心区最亮，越靠近边缘越暗，这种现象叫作临边昏暗。太阳的表面也并不是平滑的，看上去像是许许多多的小颗粒镶嵌和挤压在一起。

科普小课堂

光斑的平均寿命：半小时。

直径：约2300千米。

活动周期：11年。

太阳活动的增强会严重干扰地球上
无线通信及航天设备的正常工作，对太空
探测的仪器和地面的通信以及电力控制
网络等设施的工作都会造成严重的影响。

太阳离我们有多远

　　人类的智慧是无止境的，浩瀚宇宙中的无尽奥秘是人们探索的动力。太空世界蕴藏着许多未解之谜，但这并不影响人们对太空探索的热情。宇宙中的天体，时时刻刻都在运动，只不过距离太遥远我们不能用肉眼看清楚。但是人类总是能凭借自己的智慧，为我们一点点揭开宇宙神秘的面纱。比如测量恒星的距离，这是一件非常困难的事情，但是随着科学技术的发展，人们已经把这件事变得极其容易。实际上人类能够测量的距离远远超出了上述范围，这样的成就简直是一种奇迹。人们经过观测发现，造父变星表现出一种奇异的规律性：脉动周期和光度存在对应关系。目前，人类利用造父变星已经突破银河系，把测量距离的探索扩展到更遥远的空间。

科普小课堂

什么是光年?

看到光年,是不是以为这是一个时间单位?其实并不是,它是一个长度单位,用来计量光在宇宙真空中沿直线传播了一年时间的距离,是时间和光速计算出来的单位。我们测量恒星的距离,用到的时空单位就是光年。

太阳的一生

我们正在享受着太阳给我们的恩惠，习惯了它每天对我们的陪伴。太阳不仅充满了神秘之感，也会带给世间万物更多的动力和能量。但是，你知道吗？太阳和我们一样，它也有自身的生命演化过程，只是从诞生到死亡，它经历的时间比较长。大约在50亿年前，浩渺无垠的宇宙并不是空无一物的空间，在群星之间布满了物质。这些物质是气体、尘埃或是两者的混合物，在这些"成员"之中，就有形成太阳的物质。太阳并不是突然诞生的，它是经过一段时间的变化和发展而累积形成的。在太阳还是个"小孩子"的时候，它的"情绪"并不稳定，时常会发生变化，导致体积膨胀不定。随着"年龄"的增长，太阳逐渐变得"稳重"了，直到变成现在我们看到的样子。

虽然现在太阳仍处在主序星阶段，但是它的光度仍然在缓慢增加，表面的温度也在缓缓提升。

科普小课堂

太阳的构造是怎样的？

按照由内到外的顺序，它是由日核、辐射区、对流层、光球层、色球层、日冕层构成。其中，光球层之下的区域称为太阳内部，光球层之上的区域称为太阳大气。太阳的每一层都有自身的特点，也在进行着各自的活动。

太阳风

人们经常能够在科幻小说中看到"太阳风"一词，当你看到这个词的时候第一反应是什么呢？其实，太阳风只是一种形象的说法，并不是指在太阳上刮起的风或是像太阳一样热的风。太阳风的"风"和我们在地球上空气流动形成的风的性质完全不同。太阳风是从日冕向行星际空间连续地抛射的粒子流。太阳风不是由气体分子组成的，而是由α粒子、质子和自由电子组成。由于它们流动时所产生的效应与地球上空气流动的风十分相似，因此被称为"太阳风"。

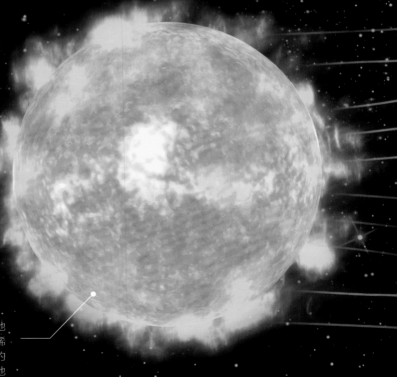

太阳风的密度与地球上风的密度相比十分稀薄，但是太阳风刮起来的猛烈程度却远远超过了地球上刮风的程度。

科普小课堂

太阳风是如何形成的？

太阳的最外层是日冕，属于太阳的外层大气，而太阳风就是在日冕层形成并发射出去的。由于日冕层的温度很高，气体的动能较大，因此它可克服太阳的引力向星际空间膨胀，形成了不断发射的一种比较稳定的粒子流，这就是太阳风。通常太阳风的能量爆发来自太阳耀斑或其他被称为"太阳风暴"的气候现象。

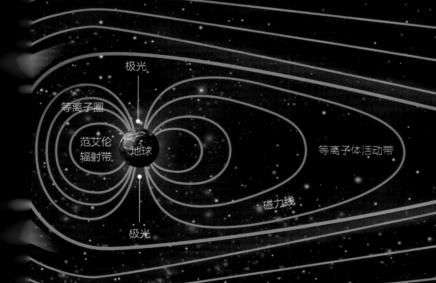

极光

等离子圈

范艾伦
辐射带 地球

等离子体活动带

磁力线

极光

日　食

　　我们有时会看到太阳"缺少"一部分的现象，这种现象其实是日食现象。日食又称为"日蚀"，是月球运动到太阳和地球的中间，三者正好处于同一直线时，月球挡住太阳射向地球的光而身后的黑影正好落到地球上的现象。日食只发生在朔日，也就是农历初一，但也并不是所有朔日必定会发生日食现象。日食现象通常持续的时间很短，在地球上能看到日食的地区也很有限。这是因为月球比较小，它本身的影也比较短小，因而月球本影在地球上扫过的范围不广，时间也不长。

注意，观测日食时不要直视太阳，否则容易造成短暂性失明，严重时甚至会造成永久性失明。

太阳光线

科普小课堂

日食的种类有哪些？

　　由于太阳和月球的运行轨道不是正圆，导致每次产生日食存在一些不确定性，因此，日食也分为不同的种类。当太阳光球层完全被月球遮住时的日食现象称为日全食；太阳有一部分被月球遮住而另一部分继续发光的现象称为日偏食；月球的视直径略小于太阳而太阳的边缘在发光的现象叫作日环食；掩食带中心线上的有些地方可以观测到日全食，另一些地方可以观测到日环食，那么我们就称其为混合食，又被称为"第四种日食"，即所谓的"日全环食"。

月球　　　　影锥

地球

日全食　　日偏食　　日环食

101

第 七 章

水 星

水星的结构

人们在太阳系中
发现的卫星数量越来越
多，但水星和金星目前
没有发现有卫星。

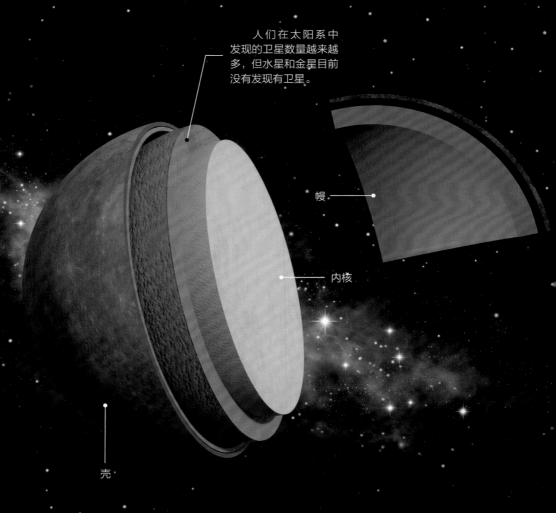

幔

内核

壳

作为太阳系"家族"中最小的成员，水星总享受着来自太阳的保护，也正因如此，水星似乎总是处于被"埋没"的状态，因为太阳的光芒已经严严实实地将它笼罩住。事实上，水星的存在是不容忽略的，它凭借着自己独有的特点让人们意识到了它的存在。水星是太阳系内与地球相似的4颗类地行星之一，它有着与地球一样的岩石个体。水星在赤道的半径是2440千米，虽然它的质量较大，但是它甚至比一些巨大的天然卫星还要小。由于水星如此之小，因此它的内部不会被强力所挤压，而水星的密度却很大，这说明了它的核心含有许多铁。

科普小课堂

什么是水星日？

在地球上，每一天可以称为一个地球日，而水星的"水星日"以地球日为单位来计算则会与地球日有相当大的不同。在太阳系的行星中"水星年"时间最短，但是"水星日"却比其他行星更长。地球每自转一周就是一昼夜，而水星自转三周才是一昼夜，水星上一昼夜的时间相当于地球上的176天。

水星的地貌

　　水星虽小，但是其处于"冰火两重天"的温度却是它显著的特征，由于它距离太阳太近，导致人们对它"望而却步"。但是科学研究的脚步不能停，人们还是创造了能"登门拜访"水星的探测器，它就是美国发射的"水手"10号探测器。通过"水手"10号带回来的信息，我们能清楚地了解到水星表面和月球表面很像，那儿也是一个"景色十足"的地带。水星表面最显著的特征之一就是一个直径达到1550千米的冲击性环形山——卡路里盆地，它是水星上温度最高的地区，像月球的盆地一样，卡路里盆地极可能形成于太阳系早期的大碰撞。

从水星表面的地貌可以推测出水星的经历。

卡路里盆地

科普小课堂

水星是太阳系的八大行星中最小且最靠近太阳的行星，也是表面昼夜温差最大的行星。

自转周期：58.65天。

公转周期：87.9691日。

距地距离：150000000千米。

第 八 章

金 星

金星的结构

　　尽管金星和地球十分相像，但是它们又有着很大的不同。人们一直在找寻能证明金星结构的证据，但是并没有直接证据能显示说明。金星的内部构造模型有很多，这里所说的内部构造是指金星的物质构成和分布特征。通常认为，金星形成后最初的10亿年分异，形成铁镍核。它的岩石圈很薄，下部为部分熔融的上幔及固态对流的下幔。在质量方面，金星壳占1%，金星幔占68%～78%，金星核占21%～31%。

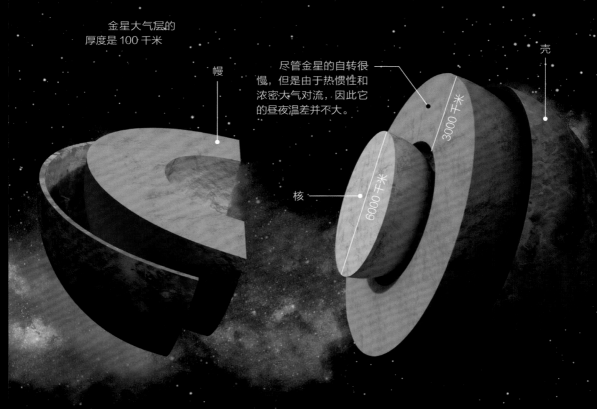

金星大气层的
厚度是 100 千米

幔

尽管金星的自转很
慢，但是由于热惯性和
浓密大气对流，因此它
的昼夜温差并不大。

壳

3000 千米

核

6000 千米

科普小课堂

金星的内部结构是什么？

科学家推测金星的内部结构可能和地球相似，依地球的构造推测，金星可能有一个直径6000千米的铁质核，中间一层是主要由硅、氧、铁、镁等的化合物组成的幔，熔化的石头填充了幔的大部分。

金星的地貌

　　金星周围有着浓密的大气和云层，人们要想"看穿"金星，只有借助望远镜才能做到。金星表面的温度约467℃，大气中二氧化碳最多，占到了97%以上，时常会降落巨大的具有腐蚀性的酸雨。金星的平均密度为5.24g/cm³，在地球和水星之后，排在第三位。金星的地貌是70%平原，20%高地，10%低地。金星表面大约90%是由不久之前才固化的玄武岩熔岩形成的，来自金星探测器的数据表明，金星的壳比原来所认为的更厚也更坚固，由此可以推测，金星没有像地球那样的可移动的板块构造。金星上大多数地区都很年轻，最古老的特征也只有8亿年的历史。

金星西半球地貌

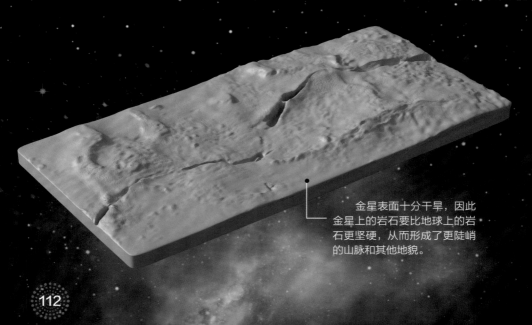

金星表面十分干旱，因此金星上的岩石要比地球上的岩石更坚硬，从而形成了更陡峭的山脉和其他地貌。

科普小课堂

金星在夜空中的亮度仅次于月球，是第二亮的天体。

自转周期：243天。

公转周期：约224.7天。

表面温度：464℃。

金星东半球地貌

金星上的环形山都是一串串的，看起来是由于小行星在到达金星表面前，在大气中碎裂开来形成的。

第 九 章

地月系

地　球

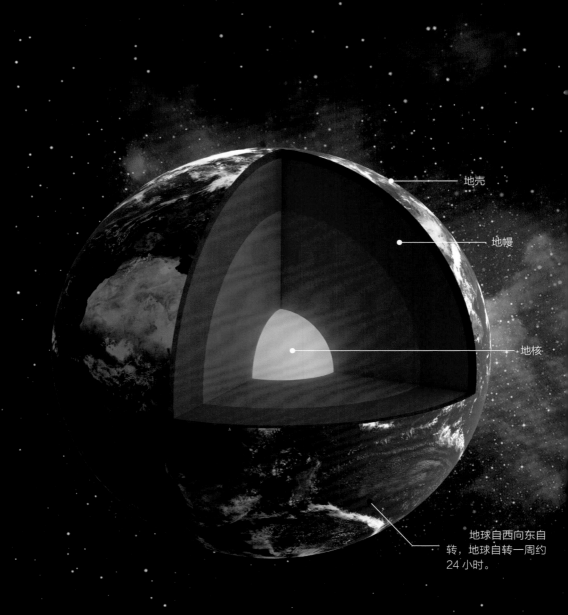

地壳

地幔

地核

地球自西向东自
转，地球自转一周约
24 小时。

可以说，在太阳系的行星中，人们探测最多的就是地球了，因为我们生活在地球的"怀抱"中。但是，尽管我们如此熟悉地球，也还是没有完全了解它，而其他行星的未解之谜就更多了。地球在太阳系中是一颗很普通的行星，但是，因为有生命的存在，又让它成为一个独特的"明星"。地球按照离太阳由近及远的次序排位第三，距离太阳约1.5亿千米。地球内部由核、幔、壳结构组成；地球外部由水圈、大气圈、生物圈及岩石圈组成。地球是目前宇宙中已知存在生命的唯一的天体，是包括人类在内上百万种生物的家园。

科普小课堂

地球是人类已知的唯一孕育和支持生命的天体。

自转周期：23小时56分4秒（恒星日）。

公转周期：约365天。

地球的结构

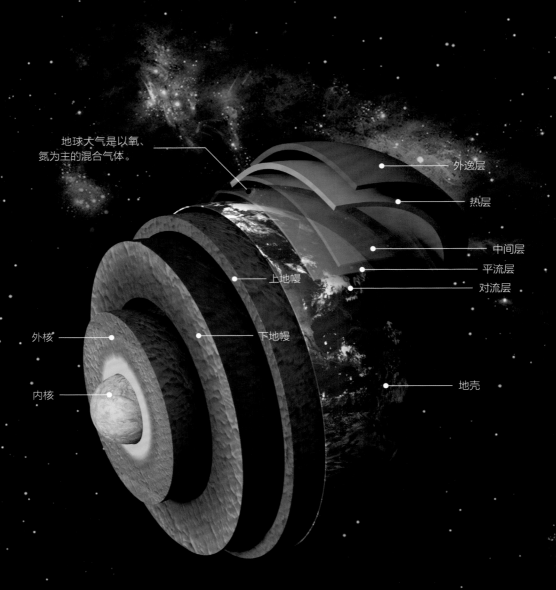

地球大气是以氧、氮为主的混合气体。

外逸层

热层

中间层

平流层

对流层

上地幔

下地幔

地壳

外核

内核

地球并不是一个空心球体，它的"肚子"里面装满了东西。根据科学家的推断表明，在地球形成之初，它是一个由岩浆组成的炽热的星体，随着时间的推移，地表的温度逐渐下降，也就逐渐形成了固态的地核。密度大的物质向地心移动，密度小的岩石等物质浮在地球表面，这就形成了一个表面主要由岩石组成的地球。当地球形成以后，它不间断地向外释放能量，逐渐形成了海洋。随后，生命出现。

科普小课堂

地球的圈层有哪些？

地球分为内部和外部两大部分，其中外部可进一步划分为四个基本圈层，即大气圈、水圈、生物圈和岩石圈；内部可进一步划分为三个基本圈层，即地壳、地幔、地核。

月　球

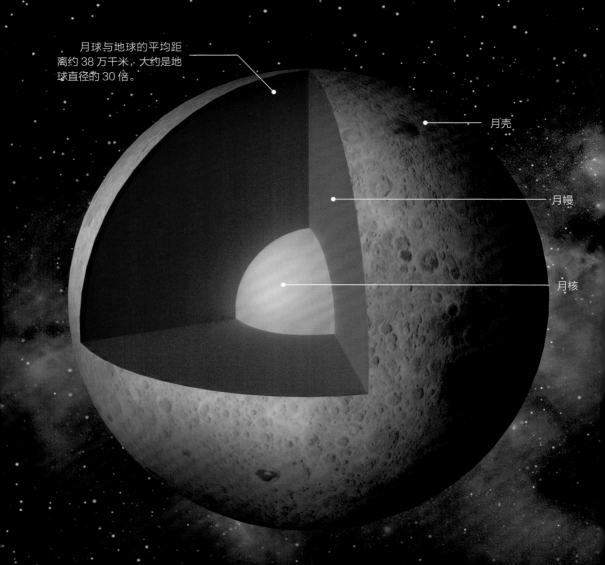

月球与地球的平均距离约 38 万千米，大约是地球直径的 30 倍。

月壳

月幔

月核

每天在太阳即将"下班"的时候，它的"交接者"就要默默登场了，随着这位"交接者"一起到来的，还有逐渐暗淡的天色和姗姗来迟的星星们。你猜到这个与太阳"轮流上岗"的"工作者"是谁了吗？它就是我们熟悉的月球。月球就是我们俗称的月亮，在我国古代又称"太阴""婵娟""玉盘"等，它是地球的卫星。月球在每天夜晚"挂"在天空，它明亮的光芒让大地看上去仿佛笼罩了一层轻柔的薄纱。但是它又不像太阳的光芒那样强劲，它的光芒很柔和，即使人们目不转睛地盯着看，也不会有刺眼的感觉。我们从地球上观测，感觉月球好像和太阳一样大，但那只是"近大远小"的原理。

科普小课堂

月食的种类有哪些？

月食可分为月全食、月偏食及半影月食三种。当月球整个都进入地球本影时，就会发生月全食；但如果只是一部分进入地球本影时，则只会发生月偏食；若月球进入地球的半影，这就称为半影月食。

月球的诞生

　　月球与地球有着千丝万缕的关系，作为地球唯一的一颗天然卫星，月球自诞生40多亿年来，始终"陪伴"在地球的身边，是地球最忠实的"朋友"，因此月球的"身世"自然是人们比较关心的问题。每一个天体都有它自身的形成、发展和衰老的演化过程，而研究月球的起源与演化，对了解太阳星云的成分、分馏、凝聚与吸积过程和类地行星的形成与演化以及地月系统的形成与演化等方面都具有重要的意义。关于月球的起源，人们的看法和观点有很多种，其中比较著名的几种被人们归纳为月球起源的著名假说。

　　碰撞成因说也被称为"大碰撞分裂说"，这种假说认为，地球早期受到一个火星大小的天体撞击，撞击的碎片最终形成月球。这种假说可以合理地解释地月系统的基本特征，如月球轨道面与地球赤道面不一致等现象。因此，它是当今较为合理和成熟的月球起源假说。

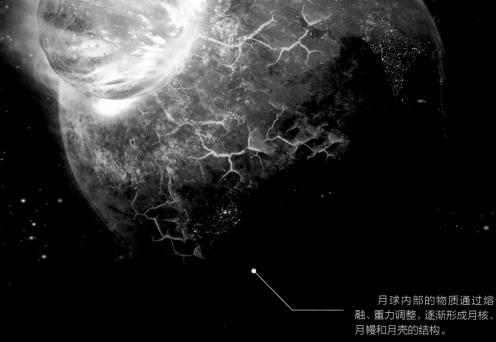

月球内部的物质通过熔融、重力调整，逐渐形成月核、月幔和月壳的结构。

月球的结构

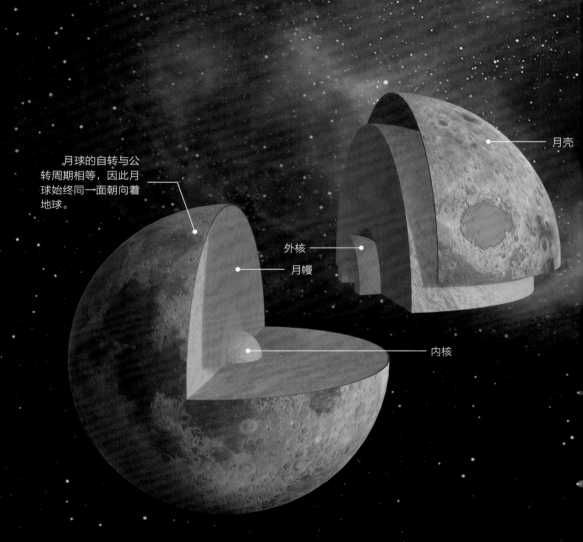

月球的自转与公转周期相等，因此月球始终同一面朝向着地球。

月壳

外核

月幔

内核

124

说到月球的"好朋友"，人们通常首先想到的就是太阳，的确，它们是一对忠诚的"使者"，分别在黑夜和白天给人们带来光亮。但其实，月球和地球的关系更"亲密"一些。月球是地球唯一的一个天然卫星，那么它们的结构是不是也一样呢？月球的结构与地球结构一样，是由月壳、月幔、月核等分层结构组成。

科普小课堂

月球有多亮？

月球亮度随日月间距和地月间距的改变而变化，满月时的视亮度为-12.7星等，比金星最亮时还亮2000倍。月球的反照率是12%，比地球的37%小很多，但因离地球近，所以成为地球夜空中最亮的天体。

月球的背面

我们通过天平动现象看到月球背面的原因是：自转速度和轨道速度的不均匀性，以及月球赤道和公转轨道倾角的存在等因素，致使地球上的观测者能看出月面边缘的前后摆动，因而能看到的月球表面达 59%。

你知道吗？尽管月球是一个球体，尽管它也在运动，但是我们能看见的几乎始终都是月球的正面。而它似乎很调皮，总是把它的背面藏起来，你知道为什么会这样吗？这是因为，月球在绕着地球运动的同时也在进行自转，它的自转周期是27.32日，正好是一个恒星月，所以我们看不见月球的背面，我们称这种现象为"同步自转"或"潮汐锁定"，这种现象也几乎是太阳系卫星世界的普遍规律。但我们并不是永远看不见月球的背面，天平动是一种奇妙的天象，我们能通过它看见月球的背面，但是只能看到一部分。我们现在关于月球背面的了解，是来自人们发射的探测器的反馈。

科普小课堂

月球的背面是什么样的？

月球背面的景象与月球正面的景象截然不同，在月球背面，由于受到无数次的撞击，因此密集地分布着大小不等的陨石坑。只有极少部分，约为2.5%的面积被"海"覆盖着，这与月球正面"海"的覆盖率相比差了10多倍。

月球上的"海"

由于月面的反照率比较低，因而月海的部分看上去显得比较黑。

月球表面的区域有明亮的部分和阴暗的区域，比较亮的是高地，而较为阴暗的是平原或盆地，它们在月球上的名称是"月陆"和"月海"。早期天文学家观测月球时，以为阴暗的区域有海水覆盖，因此把它们称为"海"，这个"海"与地球上的"海"截然不同，月球上的"海"并不是有海水的"海"，著名的月海有云海、湿海、静海等。月海是月球表面的主要地形单元，总面积约占全月球面的25%。目前已知的月海有22个，绝大多数分布在月球的正面，正面的月海约占半球面积的一半。而月球背面只有东海、莫斯科海和智海三个，并且面积很小，只占半球面积的2.5%。

科普小课堂

月海有哪些特征？

月海的地势通常较低，与地球上的盆地类似，个别月海如雨海的东南部甚至比周围低6000多米。月球的一面永远面向地球，所以月幔更容易从近地面流出，导致近地面的撞击坑更容易被玄武岩岩浆"灌溉"，这也就导致了月海在月球的正面和背面的分布不均匀。

月有阴晴圆缺

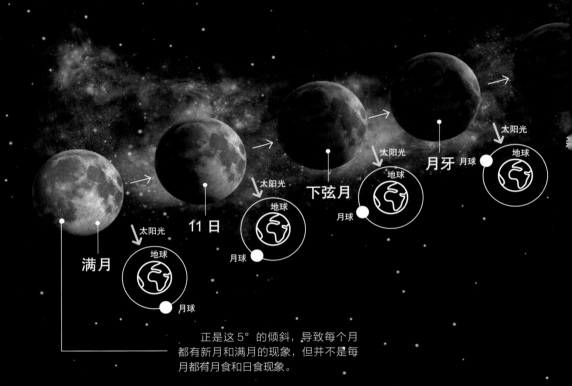

满月

太阳光

地球

月球

11 日

太阳光

地球

月球

下弦月

太阳光

地球

月球

月牙

月球

太阳光

地球

正是这 5° 的倾斜，导致每个月都有新月和满月的现象，但并不是每月都有月食和日食现象。

　　月球一直是一个美好的意象，而那句"人有悲欢离合，月有阴晴圆缺"更是家喻户晓的名句。在人们眼中，圆月象征着圆满、团圆，在中秋节的时候，月球更是引人关注的主角，人们还要吃月饼、赏月来庆祝团圆。但是，月球并不是一成不变的，它每天在天空中自西向东移动的时候，形状也随之不断变化，这种变化的现象就是月球的相位变化，叫作月相。月球为什么会有阴晴圆缺的变化呢？那是因为月球本身不发光，它的光是把太阳照在自身的光芒反射出来的，在这种情况下，地球上的观测者看到的是太阳、月球和地球三者相对位置的变化，因此在不同日期月球呈现的形状是不同的。

月球 1 ~ 9 的月相形状变化是从地球的角度观测的。

满月

18 日

太阳光

地球

月球

太阳光

地球

月球

月球公转轨道

上弦月

太阳光

地球

月球

26 日

太阳光

月球

地球

地球

科普小课堂

月球的形状变化和什么有关?

月球形状变化与它和太阳的黄经差有关。每月的农历初一,日月黄经差为0°,这时月球位于地球和太阳之间,在地面上无法看见。而到了农历初七和初八,黄经差为90°,这时正好有一半月球能看到,称为上弦月。到农历十五、十六,黄经差为180°,我们看到的就是一轮圆月,称为满月。当黄经差为270°时,半月只在下半夜能看见,称为下弦月。

第 十 章

火 星

火 星

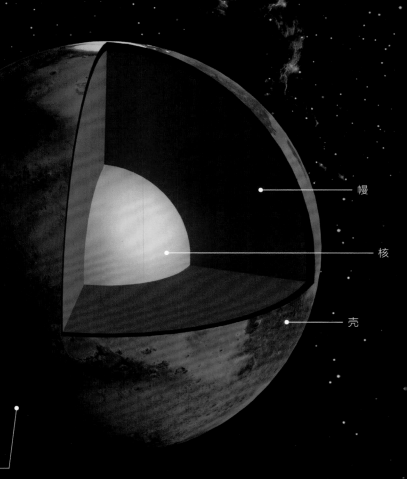

幌

核

壳

火星反照率很小，
低于地球和金星，但高
于水星。

　　地球有两个距离较近的邻居，我们已经知道"住"在地球前面的是金星，那么"住"在地球后面的邻居是谁呢？它就是火星，是太阳系从内往外数，排在第四位的行星。当火星距离地球最近的时候也要在5000万千米以上，而火星距离地球最远的时候，它们之间的距离则约有4亿千米。通常情况下，火星和地球距离较近时是最适合在地球表面观测火星和登陆火星的时机。

科普小课堂

火星有卫星吗？

　　火星有两颗卫星，人们根据它们的大小分别把它们叫作火卫一和火卫二。火卫一的体积较大，距离火星很近，它和火星的距离是太阳系所有的卫星与其主星间距离最近的。火卫二的体积，相比于火卫一小了很多。

火星的结构

内核

外核

幔

壳

在太阳系中，人们对火星的关注似乎更多一些，这并不仅因为火星是我们的"邻居"，还因为火星上有让我们"感兴趣"的东西。尽管火星比地球小了很多，但是它却在很多方面都与地球有着相似之处，人们对于火星的好奇，不只局限于它的表面，更想探求它的内部构造。人们对火星表面进行了探测，发现火星和地球非常相似。地球是孕育生命的家园，那么火星上是不是也一样有生命的存在呢？科学家一直在寻找火星上的生命。

科普小课堂

火星上到底有没有水？

2015年，科学家研究发现，火星上不仅有位于火星两极、已凝结成冰的水，还有在暖季才会出现的流动着的液态水。在火星上发现水的存在具有重大的意义，科学家随后的目标就是在火星上寻找生命的存在。

火星的地貌

观测火星的表面，你会发现，它的"脸"上有一些比较明显的"疤痕"，并且它的表面较为"粗糙"，即使在红色"面容"下看上去也是很显眼的。你知道火星的"伤疤"是怎样造成的吗？从这些"伤疤"之中，我们可以推测出古老的火星在太阳系中经历了哪些"沧桑变故"？尽管火星比地球小很多，但是在众多行星中，它和地球的相似之处还是比较多的。两者的地貌就有一些相似之处，不过与地球比起来，火星又有它自身独特的地方。

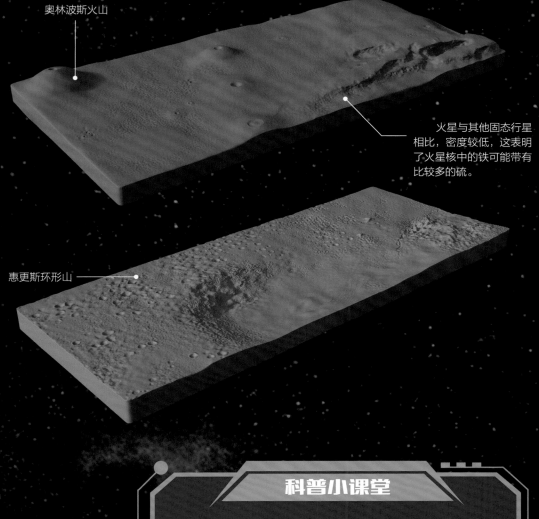

奥林波斯火山

火星与其他固态行星相比，密度较低，这表明了火星核中的铁可能带有比较多的硫。

惠更斯环形山

科普小课堂

火星的环形山是什么样的？

    火星的南半球遍布古老的高低环形山，而北半球则是较为年轻的火山熔岩平原。火星最大的五个环形山都是火山起源而非陨击坑。奥林波斯火山是太阳系天体上第一大的环形山，高27千米，直径550千米。

CHAPTER11

第十一章

木星

木 星

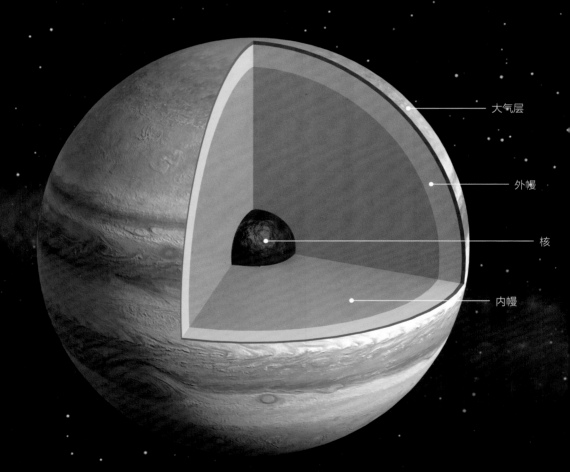

大气层

外幔

核

内幔

说到太阳系家族中"身体"最"健壮"的兄长，那一定非木星莫属了，它在行星之中是个"保护伞"的形象，保护着身边的"兄弟姐妹"。之所以这样说，是因为木星是太阳系中体积最大的行星，它是距离太阳从近到远的第五颗行星，由于自转快速而呈现扁球体。木星是一个气态的行星，它的大气中氢和氦的比例很接近原始太阳星云的理论组成。木星表面有红色、褐色、白色等条纹图案，可以据此推断木星大气中的风向是平行于赤道方向的，因区域的不同而西风和东风交替吹，这是木星大气的一个明显的特征。

科普小课堂

木星是八大行星中体积最大的行星吗？

木星在太阳系"大家族"中有着重要的地位，它是太阳系八大行星中体积最大的行星，赤道半径为71492千米，约为地球的11.2倍。质量是地球的318倍，超过除太阳外的太阳系其他天体质量的总和。虽然木星的体积很巨大，但是它的平均密度却很低。

木星的结构

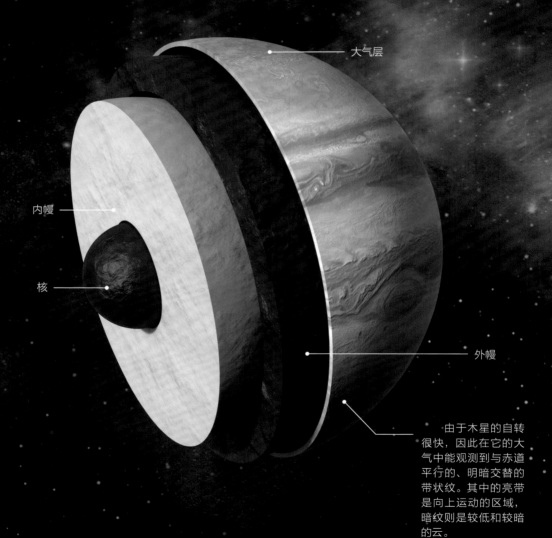

大气层

内幔

核

外幔

由于木星的自转很快，因此在它的大气中能观测到与赤道平行的、明暗交替的带状纹。其中的亮带是向上运动的区域，暗纹则是较低和较暗的云。

木星不仅是太阳系"家族"中体积最大的一个，同时它还是一个气态行星。你一定会很惊讶，木星居然是气态行星？是的，但是它并不像我们生活中常见的"气球"那样是中空的，也不是完全由气体组成的一个星球，它有岩石或金属的核心，但是并不以岩石或其他固体为主要成分。木星和太阳的成分很相似，但是它却并没有像太阳那样燃烧起来，主要是因为木星的质量太小了。不过，有些科学家猜测再经过几十亿年之后，木星的身份将会改变，它会从行星变成恒星。

科普小课堂

木星是气态行星吗？

木星是一个巨大的气态行星。气态行星是不以固体物质为主要组成成分的行星，它们都没有实体的表面，而是以气态物质为主。木星的密度在气态行星中排行第二，但不及地球的1/4。

木星的地貌

当人们观测木星的时候，除了感叹它的体积巨大、气势壮观之外，往往还会被它表面的"风景"所吸引。木星不仅要在太阳系中充当一个"兄长"的角色，它同时还要照顾自己的"家庭"。木星虽是一个气态行星，没有像类地行星那样的固态的表面，但是它外围的大气能持续运动的时间相当长，并且经常以各种变换的"姿态"来显示自己独特的一面。木星的表面看上去是"海洋"，但并不像是地球上的海洋那样，这个"海洋"只是它的大气中氢气和氦气在高压下形成的液体，而且，越往大气云层之下，压力越大。在木星内部的压强下，氢气呈液态而非气态，同时，这一层可能也含有一些氦和微量的冰。

木星的光环离木星很近，围绕木星旋转的周期是 7 小时。

科普小课堂

木星有光环吗？

木星的"身体"被一层光环所笼罩，这层光环是由许多颗粒状的岩石质材料所组成的，并不是很明亮。目前，根据科学家的研究已知木星的环系主要由亮环、暗环和尘环三部分组成。尽管木星的体积是最大的，但是它的光环却是又窄又薄的。

第 十 二 章

土 星

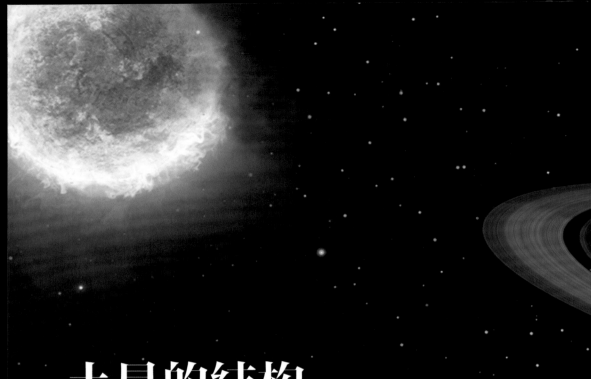

土星的结构

土星是一个高调中带着神秘的角色，在古代的时候，它就引起了人们的注意。它的外表和光环是美丽的，而它的内在却是"深藏不露"的，人们能从资料中找到的关于土星的结构组成的资料也是少之又少的。土星上层的云由氨的冰晶组成，而较低的云层则由硫化氢胺或水组成。土星的上层大气与木星相似，都有一些条纹，但是土星的条纹比较暗淡。从底部延展至大约10千米高处，是由水冰构成的层次，温度大约是–23℃。在云层之上200千米～270千米是可以看见的云层顶端，是由数层氢和氦构成的大气层。

土星的表面和木星一样，也是流
体，它的云带以金黄色为主，其余是
橘黄色、淡黄色等。

外幔

大气层

核

内幔

科普小课堂

什么是土星？

　　跟木星一样，土星也是一个气态行星，根据距离太阳
由近及远的顺序土星排在第六位，体积仅次于木星。土星
赤道半径60268千米，约为地球的9.4倍。质量约为地球
的95倍。土星是4个非岩石表面的类木行星之一，由于自
转速率快，沿赤道带可见条带状云系。

土星的光环

你也许会在电视上或者书上看到太阳系中的各个行星，但是你发现了吗？四个类木行星外观看上去与类地行星最显著的区别就是它们都像戴了一顶大草帽。这个草帽是什么呢？那其实是行星的光环，而在四颗戴着光环的行星中，土星的光环是最壮观和奇丽的，土星戴着的光环曾被认为是不可思议的奇迹。土星从轨道的一侧转到另一侧需要14年多的时间，而它的光环在这段时间也在逐渐从最下方移向最上方。当"行至半路"的时候，光环恰好移动到中间位置，这时我们看到光环两面的边缘连接在一起，就像"一条线"一样，但是由于土星环很薄，所以当出现一条线的时候，光环就好像消失了一样。

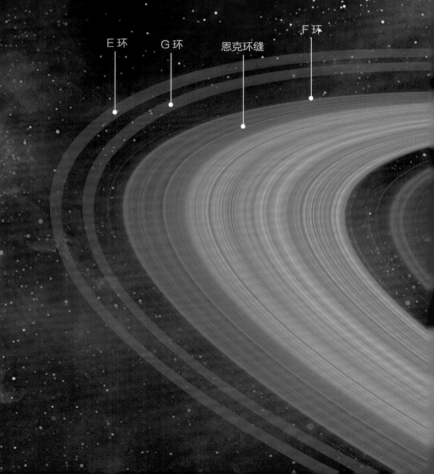

E环　　　G环　　　恩克环缝　　　F环

科普小课堂

土星有光环吗？

在空间探测前，人们从地面观测得知土星有5个光环，其中三个主环是A环、B环和C环，和两个暗环D环、E环。在1979年9月，"先驱者"11号又探测到两个新环——F环和G环。光环之间还有环缝，是因为光环中有卫星运行，由卫星的引力造成的。

A 环（土星的外光环）

B 环（最亮的环）

C 环（唯一的透明环）

卡西尼环缝

D 环（距离土星表面最近的光环）

土星的地貌

　　如果给太阳系中的行星们举办一个"选美"比赛，那么冠军一定非土星莫属，它是人们公认最美丽的行星。土星巨大的光环是最能显示它特色的一面，土星最让人陶醉之处不仅在于它的美丽和容易观测，还体现在其光环随着土星的运动而变大或变小，甚至消失。土星的美丽，除了体现在土星环上，还体现在它的表面。土星就像一颗硕大的、熟透了的橙子，黄澄澄的，充满活力，且土星的极地有极光，绿色的极光就像"大橙子"的"叶子"，为土星增添了一份朝气。

科普小课堂

土星的表面是什么样的?

土星虽然叫作"土"星,但是在它上面并没有土的存在。土星表面是液态的氢、氦,可以把它看作一个气态星球。土星上有很稠密的云,人们从地球上利用望远镜观测它,会看到这些云形成的平行条纹,有淡黄色、橘黄色和金黄色。

土星大气的剖面图

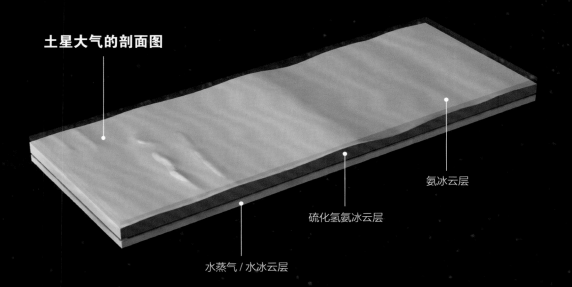

氨冰云层

硫化氢氨冰云层

水蒸气 / 水冰云层

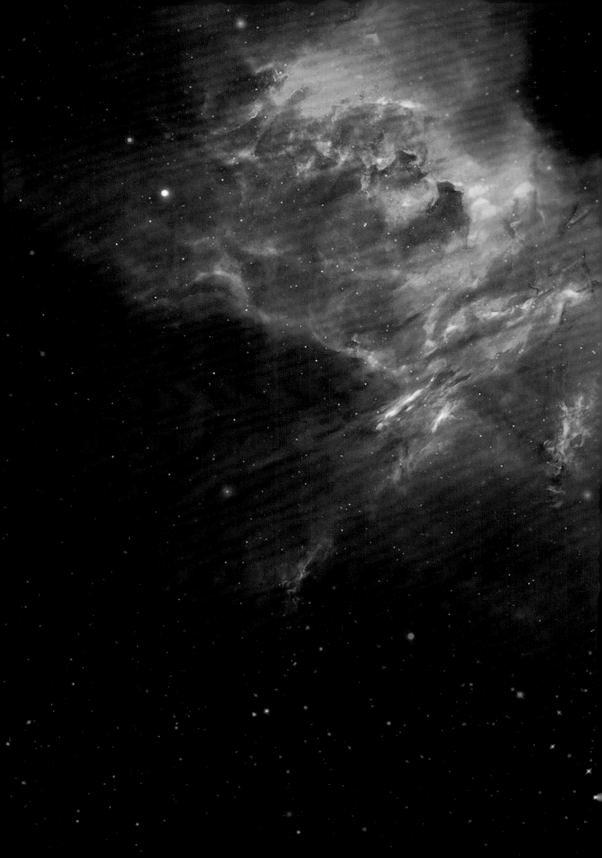

CHAPTER13

第 十 三 章

天王星

天王星

外幔

核

内幔

在太阳系中，有一位非常调皮的"成员"，因为距离太阳较远，所以它总是偷懒似的不好好运动，你们猜到它是谁了吗？它就是天王星。天王星是太阳系由内向外的第七颗行星，它的体积在行星之中排行第三，质量排名是第四。天王星绕太阳公转一年大约要84个地球年，它与太阳的平均距离大约30亿千米。为什么说天王星"偷懒"呢？因为它的自转非常有趣，它的自转轴几乎"躺"在公转轨道平面上，因此看上去仿佛总是在打滚。这种情况就导致了天王星上的昼夜、季节与地球上有很大的不同：天王星的北半球处于夏季的时候，它的北极几乎正对太阳，而整个南半球完全处于黑暗和寒冷之中。相反，当北半球处于冬季时，天王星的南极就差不多正对着太阳。

科普小课堂

谁是最"冷"的行星？

天王星几乎没有多少热量被放出，它的热辐射释放的总能量是大气层吸收自太阳能量的1.06倍。而天王星的热流量远低于地球内的热流量，在对流层的最低温度记录只有−224℃，因此天王星是太阳系最"冷"的行星，比海王星温度还要低。

天王星的结构

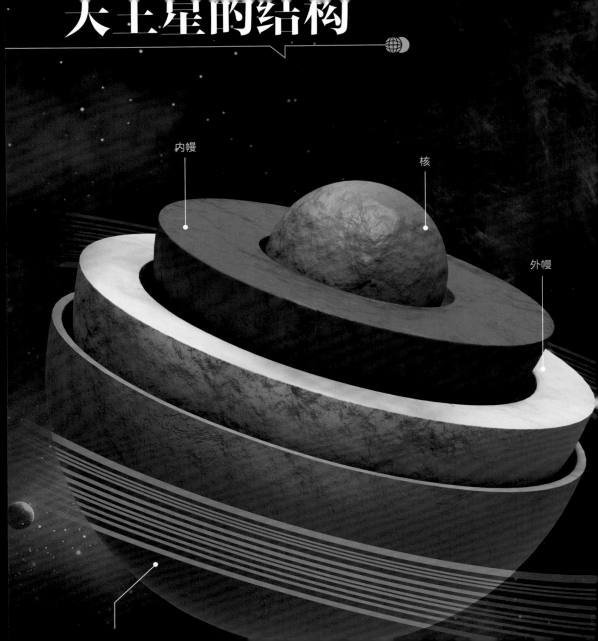

内幔

核

外幔

太阳系家族中的行星有很多共同点，却也有很多不同的地方。作为一个约为地球质量14.5倍的行星，天王星一直以其独特之处吸引着人们的注意力。由于天王星也是一个气态行星，所以它的表面和层次并不像类地行星那样容易分辨。现在还有很多关于天王星的现象不能做出明确的解释，但是根据探测器传递的资料和结果，人们还是能对这个"神秘人物"有一定的了解。天王星温度很低，它内部含冰，具体的含冰量还不明确。

科普小课堂

天王星的结构是什么样的？

天王星是类木行星中质量最小的一个，人们为它做的标准模型结构主要包括三个层面：中心是岩石的核心，中间一层是冰的幔，最外层是氢和氦组成的外壳。相比较而言，天王星的核非常小，幔则是一个庞然大物。天王星这样的模型有一定的标准，但并不是唯一的。

天王星的光环

继土星环之后，人们在太阳系内发现的第二个环系统就是天王星环。目前，人们已经发现了13个天王星环，它们相对比较暗，最亮的是 ε 环。天王星的光环并不像土星的环那样壮观，相反，它们看上去很"单薄"，它们非常细，是名副其实的"线状环"，也正因为如此，只有利用特殊的观测方法才能看到天王星环的存在。在2003年，天王星昏暗的外环曾经在哈勃空间望远镜的视野里出现过，但是直到2005年它们才被天文学家所注意。自2004年以来，天文学家看到的天王星环的大小和距离是不断变化的，而新图像显示，天王星环的模样发生了很大变化，这表明天王星曾经遭受过巨大的撞击。

科普小课堂

天王星有光环吗？

人们在1781年就发现了天王星，但是天王星的光环直到1977年才被人们发现。哈勃空间望远镜图像显示，天王星环在天王星的上方或下方，看起来很像长长的钉子。在拍摄的照片里面，天王星大部分明亮的光线被挡住了，所以科学家无法看到这些环穿过天王星表面的过程。

第 十 四 章

海王星

海王星

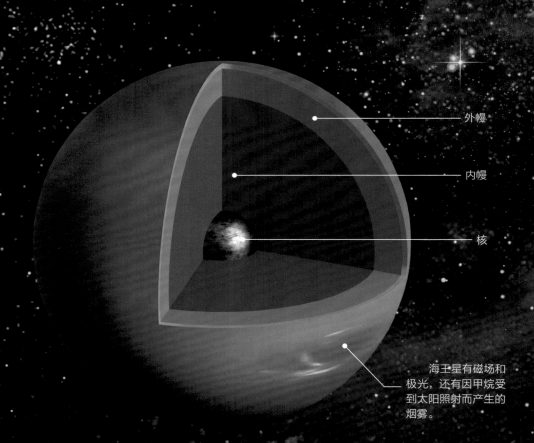

外幔

内幔

核

海王星有磁场和极光，还有因甲烷受到太阳照射而产生的烟雾。

太阳系中的远日行星就是海王星，它在八大行星中与太阳的距离最远，是质量第三大的行星。海王星通常被人们视为天王星的"姐妹"行星，它们在很多方面都有相似之处。海王星在直径和体积上比天王星小，但是它的质量却比天王星大。1846年9月23日，海王星被发现，它是唯一一个利用数学预测而非有计划地观测被发现的行星。天文学家利用天王星轨道的摄动推测出海王星的存在以及它可能存在的位置。人们对于海王星的近距离观测很少，目前为止只有美国的"旅行者" 2号探测器曾经在1989年8月25日拜访过海王星。而现在，人们也正在研究可能进行的海王星探测任务。

科普小课堂

谁是"外冷内热"的行星？

海王星呈蓝色的原因之一是在它的大气层中含有甲烷。由于海王星的轨道距离太阳很远，它能接受到的太阳热量也很少，因此它的大气层顶端的温度只有−218℃。尽管如此，海王星却有一颗炽热的"内心"，它和大多数已知的行星一样，核心温度约为7000℃。和天王星一样，海王星内部热量的来源仍然是未知状态。

海王星的结构

　　海王星虽然和它的"双胞胎姐妹"天王星都属于类木行星，但是它们又与木星和土星这样的"典型"类木行星大小相差较远，以至于它们看上去，并不像是"同级"的成员。因此，海王星和天王星通常被人们放在一起做比较，在寻找太阳系外的行星领域时，海王星经常被用作一个代号，指代人们所发现的与海王星质量类似的系外行星，就如同天文学家口中常说的那些系外"木星"。在内部结构方面，海王星和天王星几乎是"如出一辙"，但是其内部活动比天王星更剧烈。

海王星的大气层可以细分为两个主要的区域：温度随高度降低的对流层和温度随高度增加的平流层。

科普小课堂

海王星的内部结构是什么样的?

海王星的内部结构与天王星很相似,它的行星核是一个大概不超过一个地球质量的由岩石和冰构成的混合物。虽然核心的混合物被称为"冰",但其实那只是高度压缩的流体。海王星的幔总质量几乎是10~15个地球的质量,富含水、氨、甲烷和一些其他成分。

外幔

核

内幔

海王星的光环

在人们关注到海王星的时候，当时并未发现它有环存在。而美国杂志曾报道称，1846年10月10日有人在60厘米反射望远镜中用肉眼看到过海王星的光环，并且在次年被剑桥大学天文台台长查里斯所证实。此消息一出，引起了人们的广泛关注，但之后人们在对海王星多次观测中，均未发现海王环，因此这件事逐渐被人们淡忘了。在20世纪80年代，人们发现了天王星光环，这对人们观测海王星光环是一个极大的鼓励，很多人试图通过海王星掩星来观测它的光环到底存在与否。对于几次掩星的观测结果众说纷纭，有人认为海王星有光环，有人则认为它不存在光环。1989年8月，"旅行者2号"探测器终于给出明确的答案：当它飞越海王星时，发现海王星周围有光环隐藏在尘面下。

伽勒环

勒威耶环

阿拉戈环

科普小课堂

如何观测海王星？

人们在地球上，肉眼看不到海王星，它实在太暗了，甚至比木星的伽利略卫星、矮行星和一些小行星都要暗淡。即使在天文望远镜或优质的双筒望远镜中，海王星也只是显现为一个"单薄"的蓝色小圆盘，由于它在视觉上很小，为人们的观测带来一定的难度，直到哈勃空间望远镜与自适应光学技术的应用才得到发展。

第 十 五 章

彗星、流星、陨石

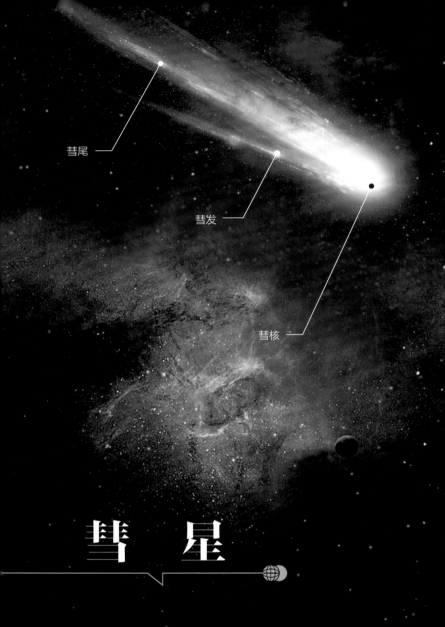

彗尾

彗发

彗核

彗　星

彗星是太阳系中的小天体，是普遍存在的。彗星分为三个部分，分别是彗核、彗发、彗尾。其中彗核由冰和不易熔解的物质构成，当彗星靠近太阳的时候，会蒸发出彗发，并能够挥发出彗尾。彗星的轨道是并不具有严格意义上的圆锥曲线轨道。目前人们已经发现绕太阳运行的彗星有 1700 多颗。

科普小课堂

谁是唯一能用裸眼直接从地球上看见的短周期彗星？

哈雷彗星是唯一能用裸眼直接从地球上看见的短周期彗星，也是人一生中唯一以裸眼可能看见两次的彗星。其他能以裸眼看见的彗星，也许会更加壮观和美丽，但那些都是数千年才会出现一次的彗星。

彗星的种类

彗星是太阳系中的小型天体，它的亮度和形状会随日距的变化而变化。彗星的性质我们还不能确切地了解，目前我们都是根据彗星的光谱来推测它的一些性质。彗星与彗星之间也是有区别的，根据彗尾的物态可以分为气尾和尘尾；从彗星轨道周期的长短，可以分为周期在200年内的短周期彗星，超过200年的长周期彗星。

科普小课堂

是否存在"酒精"彗星？

天文学家发现，有些彗星可能含有大量的酒精物质。

"洛夫乔伊"彗星，喷射出来的物质就是酿酒用的乙醇。

彗星的结构

彗星的体积不固定，当它远离太阳时，体积很小，接近太阳以后，彗发变得越来越大，彗尾也变得更长。彗尾最长时可达2亿多千米。彗发和彗尾的物质极为稀薄，质量更小。彗星主要由水、氨（ān）、甲烷、氰（qíng）、氮（dàn）、二氧化碳等组成的。

科普小课堂

彗尾是什么样的?

　　彗尾是在彗星接近太阳时出现,逐渐由短变长。虽然彗尾的体积很大,但是它的物质却很稀薄。彗尾的形状五花八门,有的细而长,有的短而粗,有的呈扁形,有的呈针叶状。

著名的彗星

    我们都知道彗星是冰和不易熔解物质的凝结物，它就像是一团脏脏的雪球，跟地球一样也需要绕太阳公转，但它要走更遥远的路。每当彗星靠近太阳时我们就能见到它，太阳的热量会让彗星蒸发出名为彗发的尘埃包层，并能够挥发出由气体和尘埃组成的彗尾。因此彗星也是很漂亮的奇观。要说最著名的彗星，哈雷彗星当之无愧，它是彗星中比较著名的短周期彗星，每隔75～76年就会在地球上观测到，人的一生最多能经历两次它的来访。

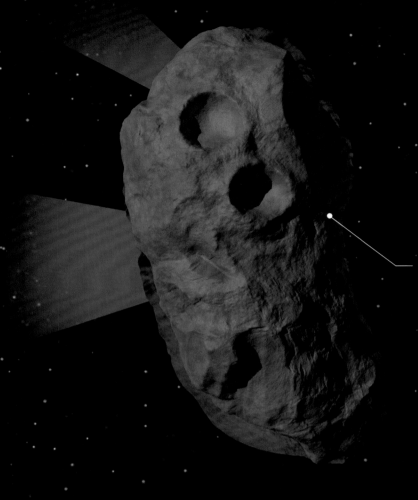

根据雷达探测，彗核大到 40 千米，小到几千米，为黑灰色。

科普小课堂

威斯特彗星是什么样的？

　　威斯特彗星属于非周期彗星，又被叫作大彗星。它被认为是20世纪最漂亮的彗星之一。威斯特彗星在1976年2月通过近日点，最大亮度达到了-3等，即使在白天也能通过裸眼看到，彗尾呈现扇形。

流　星

流星是分布在星际
空间的颗粒状的碎块。

流星是指运行在星际空间的流星体。当流星进入地球的大气层，与大气摩擦后产生了光和热，最后大部分流星被燃尽，少部分则会坠落到地球表面，称之为陨石。流星原本是围绕太阳运动的，但是当它经过地球附近时，会受到地球引力的作用，从而改变轨道，进入地球大气层。流星分为单个流星、火流星、流星雨。

科普小课堂

流星是怎么来的？

在宇宙中分布着各种各样的小碎块，它们都是由彗星衍生出来的。当彗星接近太阳的时候，太阳的热量和强大的引力会使彗星一点一点的蒸发，随后在自己的轨道上形成许多尘埃，这些被遗弃的尘埃凝聚成颗粒状的小碎块。当地球运行到这个区域的时候，就会产生流星。

流星雨

　　流星雨我们再熟悉不过了，它是出现在夜空中的美丽奇观。流星雨是在夜空中许多流星从一点发射出来的天文现象。这些流星是彗星衍生出的碎片，它们在轨道上运行时以极高的速度进入到地球大气层中。由于它们的体积很小，在穿越大气层的时候就会被燃尽，一般不会坠落到地球表面，能够穿越大气层击中地球表面的被称为陨石。有一些数量非常庞大而且看起来不寻常的流星雨被称为"流星突出"或"流星暴"。

科普小课堂

流星雨是如何命名的?

　　流星雨看起来像是流星从夜空中的某一点迸发并坠落下来,我们把这一点叫作流星雨的辐射点。我们通常以流星雨辐射点所在天区的星座的名字为流星雨命名,以区别来自不同方向的流星雨,例如双子座流星雨的辐射点就位于双子座中。

陨　石

　　陨石又叫作陨星，是地球以外的流星或尘埃碎块脱离原有运行轨道的飞快散落到地球或其他星体表面的物质。全世界收集到的陨石有4万多件，它们大致分为三大类：石陨石、铁陨石和石铁陨石。陨石指坠落到地球表面的陨星残体，由铁、镍、硅酸盐等矿物质组成。在含碳量高的陨石中还发现了大量的氨、核酸、脂肪酸、色素和11种氨基酸等有机物，因此，也有人认为地球生命的起源与陨石有着某种关系。

吉

科普小课堂

吉林陨石雨发生在哪一年？

吉林陨石雨是发生在中国吉林市北郊的一次流星雨天文事件。在1976年3月8日下午，一颗流星穿越大气层时，分裂成许多小流星，小流星迅速从空中落向地面形成了陨石。此次事件收集到的陨石总重量达2吨以上。陨石坠落时，没有造成一丝一毫的伤害，这在世界陨石坠落历史中都是非常罕见的。

1号陨石

撞击坑

撞击坑就是我们熟知的陨石坑，是行星、卫星、小行星或其他类地天体表面经过陨石撞击而形成的环形的凹坑，因此它又被叫作环形山。在一些会经历风化过程的天体中撞击坑可能会消失不见，就像地球上的风沙堆积会将撞击坑掩盖，而像木卫四这样表面是冰，随着时间的流逝就会慢慢流动，撞击坑也会随之消失。几乎所有固体表面的行星和卫星都存在撞击坑，在地球上大约可以找到150个可以辨认出来的撞击坑。有些撞击坑可以通过密度来判断它形成的年代。

科普小课堂

撞击坑有什么特征?

　　一般撞击坑的直径约为冲击体直径的50倍，而被抛出坑外的岩石体积约为冲击体体积的几百倍，抛射物沉降区的直径约为撞击坑直径的2倍。

第 十 六 章

星 系

星　系

　　什么是星系？广义上的星系是无数的恒星系、尘埃、气体、暗物质等组成的巨大运行系统。就像我们熟悉的银河系，它就是一个星系。星系中存在从只有数千万颗恒星的矮星系到上万亿颗恒星的椭圆星系，它们全部都围绕着质量中心运转。单独的恒星和稀薄的星际物质周围不存在数量庞大的多星系统和星团。大部分星系的直径都在1000～1000000光年，彼此间的距离相差百万光年的数量级。在可观测宇宙中，存在超过一千亿个的星系。

科普小课堂

什么是活动星系？

在众多星系中，有一部分星系被称为活动星系，在活动星系的总能量除了恒星、尘埃和星际介质的辐射之外，还有另一个重要的来源。这就是活动星系核，通过对能量分布的了解，我们认为这种能量是物质掉落入位在核心区域的超大质量黑洞造成的。

有一些星系它们并不存在规则的外形，也没有明显的核和旋臂，这类星系称为不规则星系。

本星系群

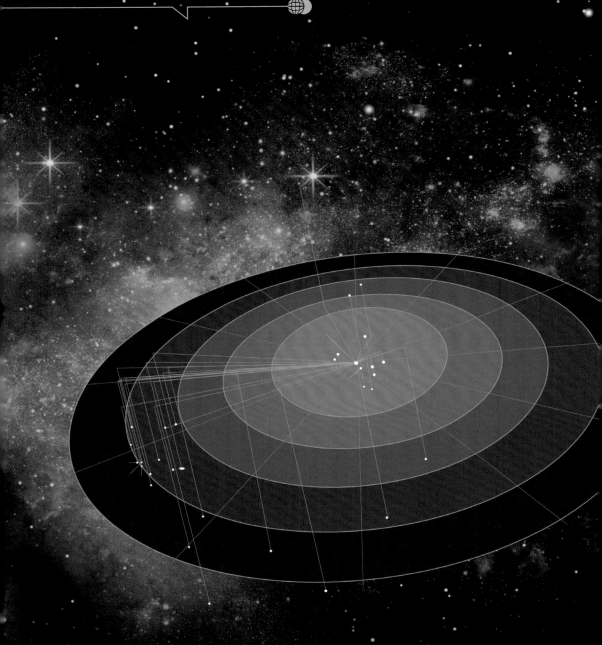

　　本星系群指的就是银河系所属的小型星系团。已知大约有50个成员星系，总质量约是太阳的2万亿倍，横跨太空1000万光年的空间。仙女星系和我们所在的银河系在本星系群中占主导地位，在不久的将来这两个星系很有可能并合到一起形成一个星系。除银河系和仙女星系外，绝大部分成员星系是矮星系，大多数都比较暗淡，如果它们位于比仙女星系还要遥远的地方就很难被观测到。这也就是为什么本星系群的精确尺度很难被测定的原因。

科普小课堂

什么是大犬矮星系？

　　大犬矮星系是距离我们银河系最近的伴星系，它是科学家在大犬座中发现的，距离我们只有4.2万光年。银河系中的潮汐力会将恒星从星系中剥离，最终汇入庞大的星流。银河系可能就是通过这样的吞噬而形成的庞然大物。

星系团

正如恒星汇聚成星团和星系一样，星系也会汇聚最终形成巨型的星系团。它们通常尺度差距在数百万秒，其中包含了数百到数千个星系。有时候把星系较少的星系团叫作星系群。星系团是宇宙中受到引力束缚的庞大结构，一些星系团甚至与宇宙本身一样古老。天文学家会根据成员星系的密度和数量为星系团分类。像银河系这种只有数十个成员的被称作小型星系团，而像室女和后发星系团拥有数千个星系，直径达数千万光年的则属于富星系团。尽管不同星系团内成员星系的数目相差巨大，但星系团的线直径最多相差一个数量级。

科普小课堂

星系团的分类有哪些？

　　星系团按照形态可以分为规则星系团和不规则星系团两类。后发星系团是规则星系团的代表，它们大致呈球对称外形，类似于球状星团，所以又被叫作球状星系团。不规则星系团的结构松散，没有形成一定的形状，因此它们又叫作"疏散星系团"。它们的数量往往比规则星系团要庞大，而且是各种类型星系的混合体，其中往往以暗星系占绝对优势，这也是与规则星系团的不同之处。

类星体

　　20世纪60年代，一种特殊天体被科学家发现，它的光学图像类似恒星，被称为类星体。它的所在之处相当遥远，它是人类能观测到的最遥远的天体。它虽然体积比星系要小很多，但是却释放着超出星系千倍以上的能量，它放射的光芒能够在100亿光年以外的距离被人类观测到。它的中心是猛烈吞噬周围物质的、拥有超质量的黑洞。黑洞本身不发光，但是它强大的引力可以将周围物质快速吸引过来，产生"摩擦生热"的效果，从而释放出巨大的能量，成为宇宙中耀眼的天体。目前天文学家通过巡天发现了20多万颗类星体，距离超过127亿光年的类星体有40个左右。

科普小课堂

类星体的特征是什么？

　　类星体有一个很大的特点就是它具有宇宙学红移，这说明它正在以很快的速度远离地球。类星体离地球都很遥远，大约在100亿光年以外，天文学家通过X射线、光学和射电等波段来发现它们。少数类星体会有喷流结构。类星体通常会发出很强的紫外辐射，因此它们的颜色大多呈现蓝色。

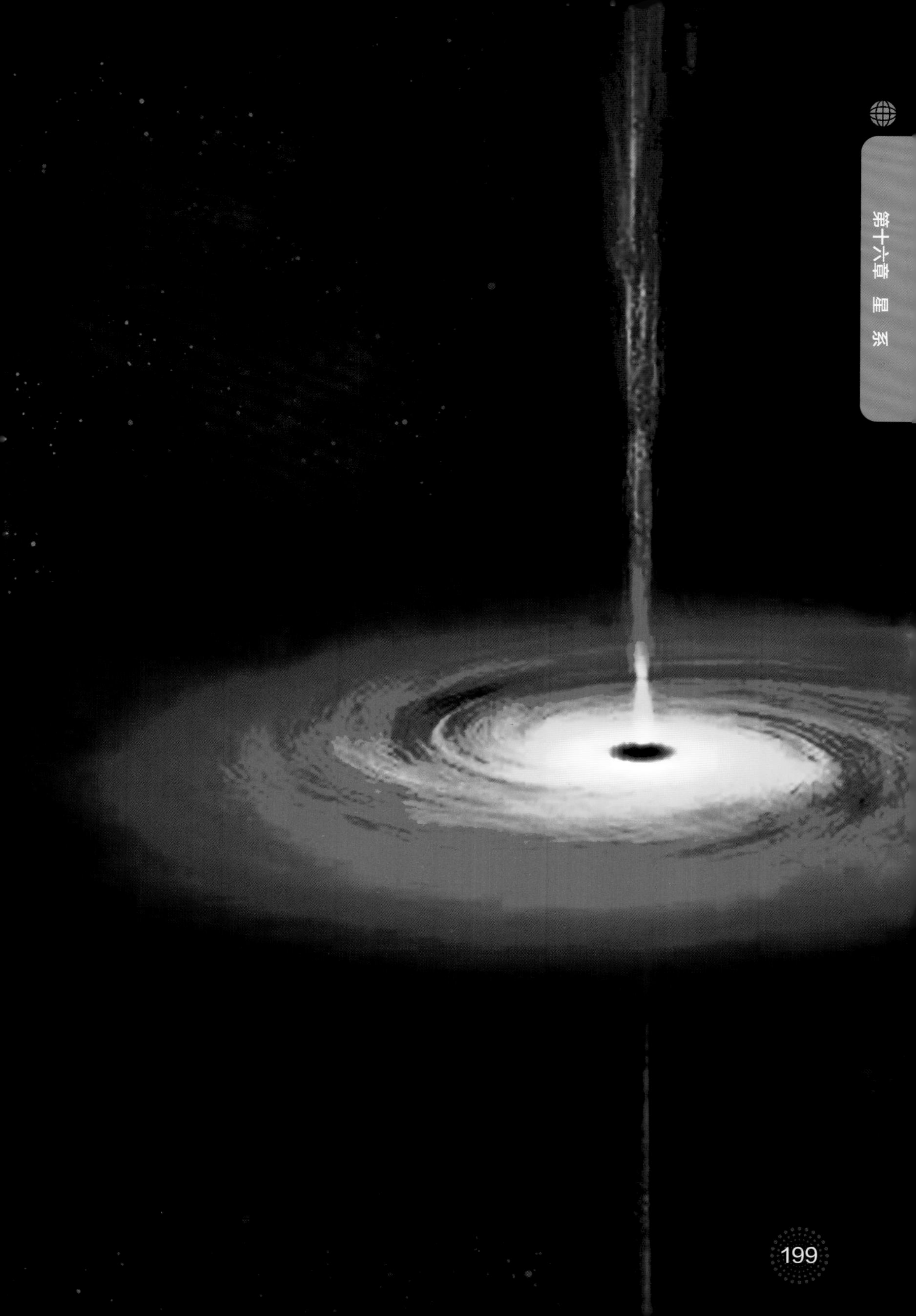

漩涡星系、椭圆星系与不规则星系

在本星系群中大多数成员都是椭圆星系或者不规则星系，还有一些旋涡星系。其中最为常见的是椭圆星系，它们占据了所有星系的60%，而不规则星系也只占到了10%。有的椭圆星系和不规则星系都很小，这样的小星系也被称为矮椭圆星系和矮不规则星系。这种矮星系的直径只有数千光年，其中的恒星也不会很多。椭圆星系呈球体，而不规则星系不具备可以清晰辨认的结构，旋涡星系是具有旋涡结构的星系，每个星系都各有不同。不规则星系就像旋涡星系一样同时拥有年轻和年老的恒星，并且其中包括活跃的恒星育婴所，但椭圆星系中通常只有年老的红色恒星。

椭圆星系外形呈正圆形或椭圆形，中心亮，边缘渐暗，按外形又分为 E0 到 E7 八种次型。

科普小课堂

什么是涡状星系？

　　涡状星系是旋涡星系的代表，它是在1773年10月13日由查尔斯·梅西耶发现的。它的伴星系是NGC 5159。它被认为是第一个被发现的旋涡星系，威廉·帕森思通过一座建于爱尔兰比尔城堡的反射望远镜观测出它是涡状星系。

伴星系与银河系的伴星系

在双重星系中，我们把大的叫作主星系，较小的称为伴星系。引力让我们的地球围绕着太阳旋转，也是它将小型伴星系拴在银河系周围。大麦哲伦云和小麦哲伦云都是形态不规则的矮星系，也是银河系最大的伴星系。它们看上去就像是从银河系分离出来的碎片，我们很容易就能从夜空中找到它们。其中大麦哲伦云离银河系较近，位于16万光年以外，宽约2万光年。小麦哲伦云距离我们20万光年，它的大小只有大麦哲伦云的一半。还有其他11个星系隐藏在银河系的星际尘埃后方，其中最小的宽度只有500光年，最近的两个星系离银河系只有不到5万光年，它们是大犬矮星系和人马矮椭圆星系。

科普小课堂

谁是最明亮的超新星？

　　1987年，位于麦哲伦云中的一颗恒星爆发了，它的质量为太阳的20倍，这次爆发出现了一颗400年来最为明亮的超新星。在16年后我们拍下了它的模样，它的名字为SN 1987A。我们可以清晰地看到它宽度约1光年的气体环。

星系的碰撞

星系碰撞并非一般意义上的碰撞，而是一种引力相互作用。

　　星系之间的碰撞不仅仅只是毁灭，还有可能带来新生。在宇宙中有些地方星系密集，有些地方星系分布稀疏，因此星系碰撞是在宇宙中普遍存在的，也是星系演化的必经之路。两个星系发生碰撞之后变成了一个更大的星系，碰撞时产生的冲击使大量的恒星也同时产生。哈勃空间望远镜和大型地面望远镜在观测过程中，发现了宇宙深处存在许多正在碰撞合并的星系。据观测，我们的临近星系——仙女座星系也在渐渐接近银河系，或许在几十亿年以后也会和我们所在的银河系碰撞在一起。

科普小课堂

四星系的碰撞是怎样的？

　　2007年，美国天文学家借助"斯皮策"太空望远镜成功捕捉到四个巨大的星系团发生碰撞的瞬间。它们合并完成后将形成宇宙中最大的星系。这四个星系每个都包含了数十亿颗恒星，碰撞期间，抛射出了数十亿个较老的恒星，最终它们中的一半会回落到星系中。

第 十 七 章

宇宙与人类

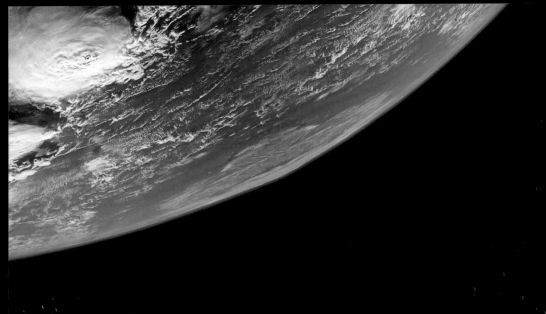

开发宇宙资源

　　随着人类社会的进步，人类生活越来越依赖电、汽油、天然气等能源了。人口的不断增加导致人类对能源的开发利用也越来越大，地球上的可用资源也越来越少。未来地球还能够支撑多久？人类终有一天会面临资源短缺的终极问题。因此为了环保，人们已经开发利用地球上的一些可再生能源，例如：风能、地热能、潮汐能等。在浩瀚的宇宙中隐藏着更巨大的资源等着我们开发利用，因此人们又将目光转向了未知的宇宙世界，如果利用得当就会造福人类。

科普小课堂

什么是宇宙环境资源？

所谓宇宙环境资源指的是在宇宙中存在的，但是地球上是不存在的而且无法模仿出来的资源，宇宙中的微波、失重、辐射等可以产生一些地球上不能发生的现象，产生一些无法想象的物质。

说到宇宙资源，我们现在运用最多、最熟悉的就是太阳能了。我们发射升空的所有航天器都会装上太阳能电池板，都需要太阳能为航天器提供动能。在地球上我们通常用太阳能发电或者为热水器提供能源。

209

移民月球

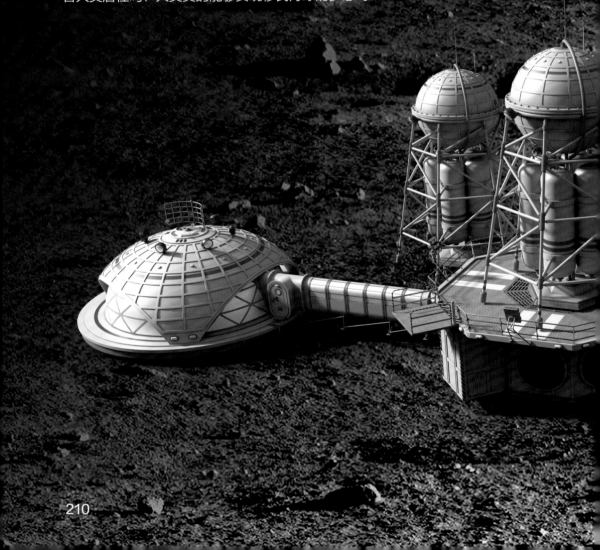

　　古往今来，人们总会将情感寄托于月亮，有关月亮的诗句数不胜数。望着月亮的圆缺变化，总给人们带来无限遐想，古代有嫦娥奔月的凄美神话故事，使人们也想上月亮上看看，探寻玉兔到底是不是真的存在。如今人类的科技实现了登月的梦想，人们终于见到了月球的真实面貌。神话终归是神话，月球上没有嫦娥更没有玉兔，但是人类却萌生了想居住在月球的想法，要将神话变为现实，但是月球真的适合人类居住吗？人类真的能够实现移民月球的梦想吗？

科普小课堂

科学家在月球上尝试做什么？

　　科学家打算尝试在月球上种蔬菜和草本植物，以此来测试月球是否能够适合人类生存。植物生长所需成分与人类相似，科学家们研究植物暴露在月球的重力与辐射环境下的生长情形。月球种菜计划如果成功，距离人类在月球上生活的计划也许能够更近一步。

移民火星

　　地球作为茫茫宇宙空间里的渺小的一员，可想而知宇宙的空间有多浩大。由于地球人口不断增长，终有一天地球会不堪重负，或许合理利用宇宙空间会是一个不错的选择。如今人类已经加大了对外太空的探索，太空已经渐渐被人类了解，神秘的太空再也不是人类一无所知的领域，随着人类对火星的了解越来越多，不少科学家开始进行移民火星的科学探索，火星移民的计划也早已被提出。或许在不久的将来，人类移民外太空的梦想就会实现。

科普小课堂

可以在火星上生存吗?

想要在火星上生存就必须具备与地球类似的温度。火星虽然名字给人一种火热的感觉,其实它是一颗冰冷的星球,只有赤道附近的温度可以达到0℃以上,想要使火星的冰冻物质完全融化,就要让火星的外层大气达到40℃左右。祖柏林提出了三个让火星变暖的方案,其中第三种方案就是制造温室气体,这一方案被众多科学家认同。他计划在火星上建几处化工厂,不停地制造四氟(fú)化碳,因为四氟化碳是最有效的温室气体。只需短短30年,火星的平均温度将会升高27.8℃。

213

第 十 八 章

我们并不孤单

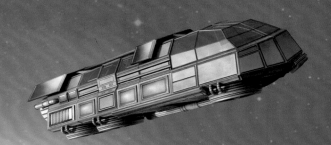

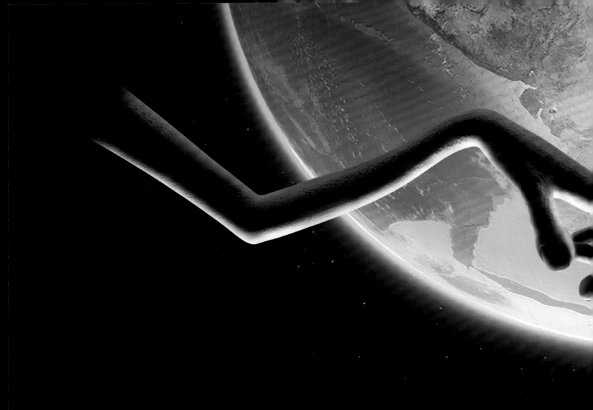

外星生命

　　外星生命指的是存在于地球以外的生命体，这个概念涵盖的范围非常广，它包括小到看不见的细菌和具有高度智慧的外星人。人们对于外星生命的存在充满了好奇，从20世纪中期以来，人们一直不断探测地球之外的电波、微波、红外线等，希望探寻到外星生命存在的迹象。但是，迄今为止我们还没有发现外星生命的存在，也许是我们寻找的时间不够长，或者是地点不对，这也不排除另一种可能——外星生命并不存在。地质学家曾提出"地球殊异假说"，这一假说的核心是告诉人们地球的特殊性，它在变成宜居星球的过程中必定经历了一系列概率极低的巧合和机遇，才能孕育生命。虽然发现外星人的概率极小，但是我们仍然满怀期待地探索着。

科普小课堂

是否有外星生命的存在？

　　宇宙如此浩大，而生命的最初形式可能只是微生物的大小，能够发现的概率实在是十分渺茫。我们始终无法发现外星生命的原因，除了宇宙之大还可能因为我们寻找的生命形态太过局限，生命的形态是多样的，它也许是非物质形态，而是电磁波、信息、等离子的形式，或许外星生命远比我们想象的要高级。抑或是我们生存在三维空间中，无法发现比我们更高维度或者更低维度的生命，这些都是人类所未知的信息。

费米悖论

在1950年的一次讨论中，物理学家恩里科·费米提出一个问题，如果在银河系中有大量的先进文明存在，那为什么连飞船或者探测器之类的证据都找不到。这就是费米悖论。费米悖论阐述的是对地外文明存在性的过高估计和缺少相关证据之间的矛盾。如果说生命是普遍存在的，那我们为什么探测不到它的信息？有人曾尝试着寻找地外文明的证据来诠释费米悖论，也有人认为高等地外文明是不存在的，或者是非常稀少的，人类无法搜索到。费米悖论即提出了这个矛盾：宇宙的尺度与年龄意味着高等地外文明应该存在，然而我们这个假设却得不到充分的证据证明。

科普小课堂

什么是德雷克公式？

与费米悖论相关的理论中，关系最密切的要数德雷克公式了。它是由法兰克·德雷克于1960年提出的，这个公式是用一种系统的方式来估算外星生物存在的概率。而这公式中还存在完全未知的参数：发展出生命的行星数，发展出智慧生命的行星数，智慧生命能进行通信的行星数，文明的预期寿命。我们所知道的存在生命的行星只有地球，而地球受到人择原理的影响不能进行有效的估计。

地球殊异假说

　　地球是一颗神奇的星球。在行星科学和天体生物学中普遍认为我们所生存的地球是宇宙中独一无二的，是生命让它与众不同。地球是唯一存在复杂生命形式的星球。我们对于地球的环境非常熟悉，却不知道创造它的基本力是什么。地球殊异假说认为地球上多细胞生物的形成，需要不同寻常的天体物理、地质事件和环境的结合。这一假说是由瓦尔德和布朗尼提出，他们认为地球在变成宜居星球的过程中，需要有一系列令人难以置信以及几乎不可能的机遇与巧合的发生。

科普小课堂

什么是宜居带？

　　地球诞生在太空中最合适的位置，地球舒适安逸的位置被称为"宜居带"。一颗处在缺乏金属的区域或是接近银心高辐射区域的行星将无法出现生命。如果地球像水星和金星那样距离太阳很近，那它将会因为温度太高而没有液态水。如果像火星距离太阳那么远，又会因为温度太低而无法出现生命。而地球恰巧在一个距离适宜的狭窄地带。长期接受太阳释放的稳定的能量，为生命提供充足的发展空间。

星际旅行

　　星际旅行是人类太空愿望的其中之一。但如今我们的技术还不能够实现这样的愿望，于是人们将这个愿望寄托于科幻作品，在影视作品中实现了星际旅行。但是宇宙太巨大了，即使是科幻作品也需要花费很大力气去填补这种巨大所产生的空洞感。在如此浩瀚的宇宙中旅行，我们需要具备哪些条件？首先，宇宙飞船的技术需要有突破性的进展；第二，能源需要更加进步，星际旅行是极其消耗能源的；第三，星际旅行需要花费很长时间，但是人类的寿命是有限的，人类的寿命需要有所突破。这些听起来都很难实现，人类目前确实并不符合实现星际旅行的条件，不过在不远的将来，当科技更加发达，人类很有可能突破难关，实现星际旅行。

科普小课堂

什么是黑洞能量？

　　我们通过科幻小说也能得到一些启发，比如黑洞引擎。我们利用人造的黑洞来为引擎提供动力，黑洞能量并不来自它的质量，而是产生于光。根据爱因斯坦的广义相对论我们能够得到，足够能量密度的激光束汇聚于极小的一个区域，则可以扭曲这个区域的时空构造，产生一个奇点，这便是由能量激发出的黑洞。